IDENTIFICATION OF TURQUOISE

绿松石辨假

资深珠宝鉴定师教您

如何辨别藏品的真伪？

如何判断绿松石产地？

邓谦 柯捷 著

文化发展出版社
Cultural Development Press

图书在版编目（CIP）数据

绿松石辨假 / 邓谦，柯捷著 .- 北京：文化发展出版社，2016.11
ISBN 978-7-5142-1529-8

Ⅰ．①绿… Ⅱ．①邓… ②柯… Ⅲ．①绿松石－鉴赏Ⅳ．①TS933.21

中国版本图书馆 CIP 数据核字（2016）第 253917 号

绿松石辨假

Lüsongshi Bian Jia

邓谦 柯捷 著

出 版 人：赵鹏飞
策划编辑：肖贵平
责任编辑：周　蕾　　责任校对：岳智勇
责任印制：杨　骏　　责任设计：侯　铮
封面、扉页图片提供：松石世家张煌

出版发行：文化发展出版社（北京市翠微路 2 号　邮编：100036）
网　　址：www.wenhuafazhan.com
经　　销：各地新华书店
印　　刷：北京博海升彩色印刷有限公司
开　　本：889mm×1194mm　1/16
字　　数：140 千字
印　　张：10.5
印　　次：2016 年 11 月第 1 版　　2021年 4 月第 3 次印刷
定　　价：78.00 元
I S B N：978-7-5142-1529-8

◆ 如发现任何质量问题请与我社发行部联系。发行部电话：010-88275710

前言
PREFACE

绿松石与新疆和田玉、河南独山玉、辽宁岫玉并称为“中国四大名玉”。在中国，绿松石的使用可追溯到7000年以前，其使用的时间丝毫不亚于和田玉。即使在国外，绿松石的使用也至少在5500年以上。在很多国家，绿松石具有深厚的文化底蕴，深受人们的喜爱。在佛教中，绿松石是佛教七宝之一，被赋予了神秘的宗教色彩。

正是因为绿松石如此受欢迎，以至于近几年绿松石的价格飞涨，绿松石热持续升温。但与此同时，绿松石原料逐步减少，加工成品率较低，造成原矿绿松石供不应求。因此，各种人工处理绿松石、再造绿松石及绿松石仿制品（包括相似玉石和人工仿制品）在市场上大量出现，给绿松石收藏者带来极大困扰，也给绿松石检测出了很多难题。

本书为珠宝玉石辨假系列丛书之一，以绿松石辨假为主。

笔者从事珠宝玉石鉴定15年，其中研究绿松石的检测近十年，具有丰富的绿松石检测经验。本书中，作者将多年积累的经验归纳整理，将绿松石造假分为三类，分别是：人工处理绿松石，包括充填绿松石、染色绿松石、扎克里处理绿松石等；再造绿松石；绿松石的相似玉石及人工仿制品。作者分别用三章内容，将这三种造假的情况进行了详细介绍，并用了大量显微图片，将造假的鉴定特征充分展示，力求图文并茂，使读者能够在阅读过程中充分感知、认知，从而达到最好的学习效果。

除此之外，作者在本书中还介绍了绿松石的历史文化、品种分类、产地介绍、品质评价、鉴定仪器等，使本书内容更加完善。

本书在撰写的过程中得到了来自各方的帮助。感谢我的同事胡静梅、郑亭、钟锐、谷文婷，他们在国内外资料的收集、翻译及研究工作中，给予了作者莫大的帮助；感谢绿松石缘（北京）珠宝有限公司邓旺晖先生、北京靓工坊李盈先生、一念一珠文玩珠宝吴绍文先生、北京差不多先生文玩工作室王琦先生为本书提供了大量的研究样品、资料；感谢十堰韦氏精工坊、十堰市东方精雕工贸有限公司为本书提供部分样品和照片；感谢松石世家张煌为本书提供封面、扉页照片；感谢徐坤先生对本书的支持。

特别感谢中矿投资（北京）有限公司、中国珠宝玉石原石交易平台董事长郑永强先生、九彩珠宝股份有限公司总经理刘小冬女士，为本书的编写、推广提供的无私帮助。

本书大部分内容为作者多年经验总结撰写而成，部分内容参考了国内外大量文献，较少内容来自国内外绿松石专业网站。本书三百多张照片，部分来自友情提供，极少来自网络，大多数来自作者平时检测、研究过程中的日常积累。其中部分绿松石精品由于无法联系到藏家本人，照片使用并没有得到授权，如果因此给藏家本人带来困扰，敬请原谅。

作　者

2016 年 4 月

目录

CONTENTS

Chapter 1

绿松石的历史文化

Chapter 2

绿松石的产地

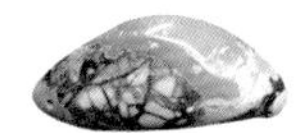

Chapter 3

绿松石的宝石学特征及品种划分

Chapter 4

绿松石的优化处理及其鉴别

Chapter 5

再造绿松石的鉴别

绿松石的历史文化

绿松石，以其柔和绚丽的色泽深受人们喜爱，是世界上极受追捧的高档玉料。在我国，绿松石与新疆和田玉、河南独山玉、辽宁岫玉并称为“中国四大名玉”。

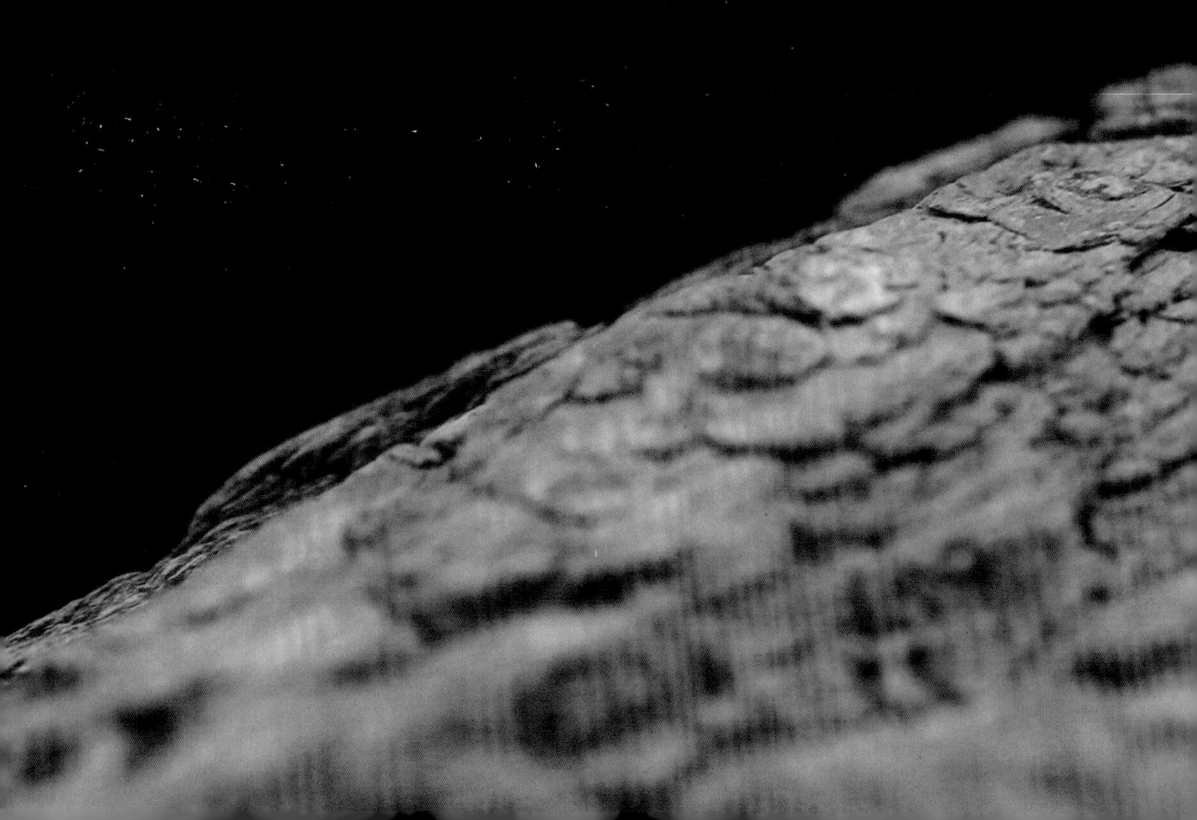

Chapter 1

嵌绿松石兽面铜饰
河南省偃师二里头遗址发掘出土。图片来源于网络。

绿松石的历史文化

中国的绿松石历史文化

绿松石，又名松石，古称“碧甸子”。绿松石是中国近代名称，始见于清代早期的《清会典图考》文献中 ：“皇帝朝珠杂饰，惟天坛用青金石，地坛用密珀，日坛用珊瑚，月坛用绿松石。”中国地质界老前辈章鸿钊先生在其名著《石雅》中解释说：“绿松石形似松球，色近松绿，故以为名。”是说绿松石因其天然产出常为结核状、球状，色如松树之绿，因而被称为“绿松

齐家文化嵌绿松石兽面玉璜
图片来源于网络。

石”。这种说法是非常形象的。绿松石英文名称为 Turquoise，意为“土耳其玉”，因为绿松石最初是从土耳其运进欧洲而得此名的。

众所周知，中国是世界上最早用玉的国家，最早可以追溯到 8000年前的兴隆洼文化。据考古发现，绿松石的使用最早可以追溯到 7000年以上。

在河南新郑裴李岗、沙窝李两处文化遗址（距今 8200～ 7500年）的发掘中，出土有绿松石方形饰、圆珠等饰物。

在黄河流域的郑洲大何庄、陕西西乡何家庄、山西临汾下靳村等仰韶文化遗址（距今 7000～ 5500年）中，发现绿松石鱼形饰、腕饰、镶嵌指环、圆珠等饰物。

在山东大汶口、衮洲王因、临沂大范庄、宁阳堡头、苏北邳县刘林等

嵌绿松石铜虎

嵌松石象牙杯

河南省安阳市殷墟妇好墓出土，

图片来源于网络。

战国晚期错银镶嵌绿松石几何纹带钩

图片来源于网络。

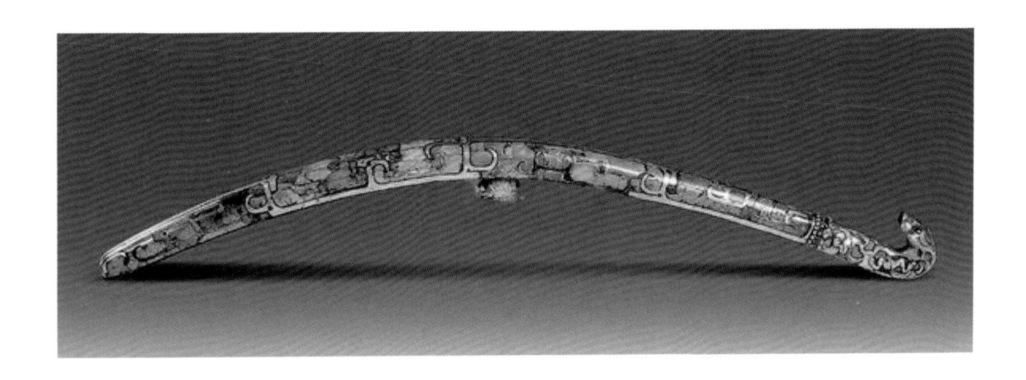

清乾隆金嵌绿松石佛窝（嘎乌）

图片来源于网络。

商代嵌绿松石铜戈

大汶口文化遗址（距今 3800年）中，都发现了绿松石装饰物。

在东北辽河流域的大连郭家湾、丹东喀左东山嘴、东沟、阜新胡头沟、内蒙古克什克腾旗等红山文化遗址(距今 7000～6000年)中，皆发现绿松石饰物，其中喀左东山嘴出土的作展翅形态的绿松石器物，出现在祭坛中心部位，为史前人类祭祀活动的文物。

在长江流域的湖北屈家岭、上海青浦福泉山等良渚文化遗址（距今 5000～4000年）中，也发现了绿松石饰品。

在珠江流域广东曲江石峡文化遗址（距今 6000～ 4000年）中，出土了绿松石饰物。

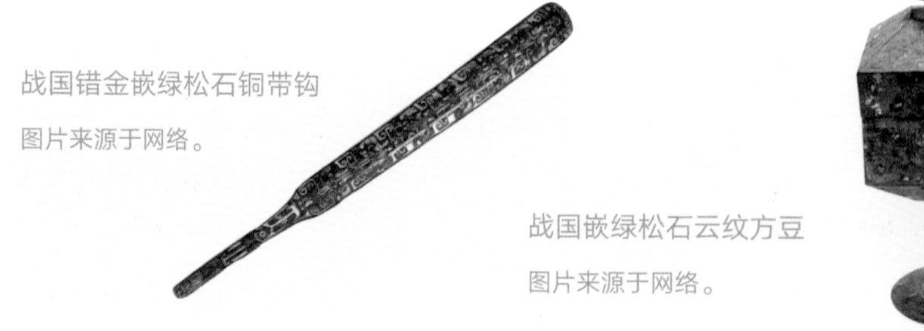

战国错金嵌绿松石铜带钩

图片来源于网络。

战国嵌绿松石云纹方豆

图片来源于网络。

事实表明，中国玉文化源远流长，而绿松石几乎贯穿了整个中国玉文化的发展，是中国玉文化不可分割的重要组成部分。

嵌绿松石凤鸟纹铜镜
图片来源于网络。

国外的绿松石历史文化

与和田玉仅仅在中国是深受喜爱的“国玉”不同，绿松石是“世界的”。不仅在中国，在世界上很多国家，绿松石都是备受青睐的玉石。

埃及绿松石主要产自西奈半岛。第一王朝时埃及国王曾派出组织精良并有军队护卫的两三千人的劳动大军，寻找并开采绿松石。具考古资料显示，西奈半岛的铜矿、绿松石矿发现 7500年前矿工开采的遗迹。5500年前，古埃及人就在西奈半岛上发现绿松石的主矿脉，并

埃及法老图坦卡蒙的金面罩，上面镶嵌绿松石。图片来源于网络。

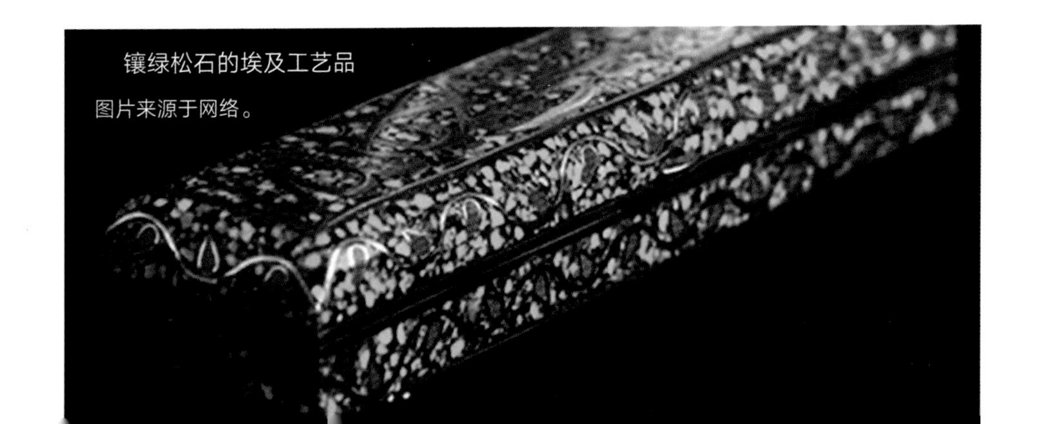
镶绿松石的埃及工艺品
图片来源于网络。

镶绿松石的埃及工艺品　图片来源于网络。

开始长达数千年的系统开采。考古者在挖掘埃及古墓时发现，埃及国王早在公元前 5500年就已佩戴绿松石珠粒。在 5000多年前古埃及皇后的木乃伊手臂上发现 4 只绿松石镶嵌的黄金手镯，公元 1900年出土时，饰品仍然光彩夺目。在古埃及著名的法老图坦卡蒙黄金面具上，使用了大量的绿松石镶嵌。

古印第安人把绿松石当作圣石，他们认为佩戴绿松石饰品可以得到神灵的护佑，而且还象征着“信赖和信任”，也会给远征的人带来吉祥和好运。他们认为绿松石的蓝绿色是来自天空的颜色，而天空则是空气的来源。因此他们认为佩戴绿松石有利于肺和呼吸系统，也有利于眼睛，还能阻挡宇宙射线的伤害。

欧洲人相信佩戴绿松石可以防止摔跤，即便摔跤也不会伤得很重，并且可以保护坐骑的安全，因而绿松石成为旅行者的护身宝石。

在美国，绿松石是亚利桑那州、内华达州和新墨西哥州的州石，象征着魂与美。

在西方，绿松石还是现代诞生石中代表十二月的诞生石，也就是水瓶座的星座石，象征着成功与必胜。

人们还给绿松石赋予了神秘的宗教色彩。

绿松石是佛教七宝之一，佛教里不论是念佛用的念珠，还是装饰佛像的饰品，到处可见绿松石的身影。藏传佛教认为绿松石是神的化身，能给人带来好运和平安。自古以来，绿松石在藏传佛教中就占有重要的地位：人们用它们装饰第一个藏王的王冠，用作神坛供品及邻国贡献的贡品。对于已婚的藏族女人来说，佩戴绿松石必不可少，因为它能保佑丈夫平安、健康。

绿松石有着深厚的文化底蕴，它那绚丽夺目的色彩，令人无法抗拒它的魅力。随着设计、加工工艺的日新月异，这种古老的玉石将再次焕发青春的气息，绿松石必将作为重要的珠宝玉石品种走进千家万户。

佩戴绿松石首饰的藏族妇女　图片来源于网络。

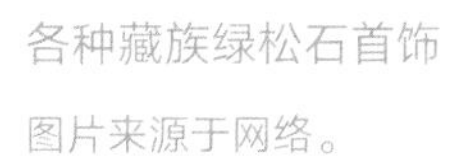

各种藏族绿松石首饰

图片来源于网络。

绿松石的产地

世界上出产绿松石的国家有中国、伊朗、美国、埃及、墨西哥、蒙古和俄罗斯等。需要特别指出的是，我国是世界上绿松石最主要的出产国，湖北、陕西、河南、新疆均出产绿松石，是我国具有优势的宝玉石资源，其中又以湖北的竹山县、郧县、郧西县产出的绿松石质量最佳，最为著名。因此，湖北又被称为东方绿松石之乡。

Chapter 2

郧西菜籽黄　样品由北京靓工坊提供。

绿松石的产地

国内的绿松石资源

国内绿松石产地主要有湖北竹山县、郧西县、郧县、陕西白河、安徽马鞍山、河南淅川、新疆哈密、青海乌兰等几个主要的产区，其中湖北郧县、郧西、竹山一带的优质绿松石闻名于世，其储量非常丰富。此外，江苏、云南等地也发现有绿松石。

郧西绿松石

湖北多个矿口都可以产出类似的绿松石原料，单从颜色上来看是很难准确区分不同矿口的绿松石的。

样品由差不多先生文玩工作室提供。

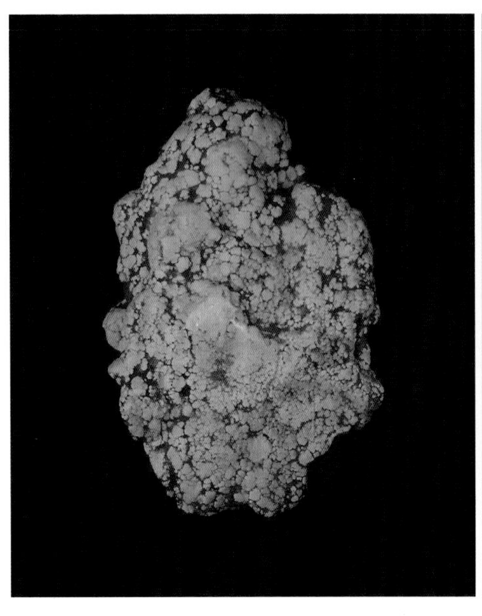

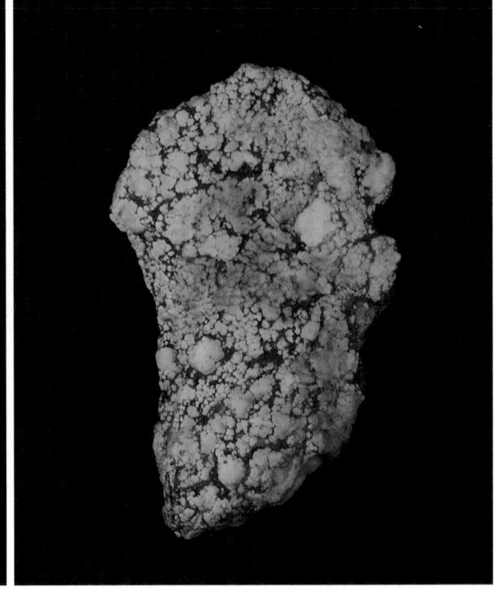

一、湖北绿松石

湖北的绿松石资源主要分布在西北部的郧县、竹山、郧西三县一带。已发现的矿床、矿点达 80多处，理论储量在 8万吨左右，可供开采的约为 5万吨，占全国总储量的 70%。其中，以郧县鲍峡云盖寺绿松石矿床最著名。

有常年赴湖北绿松石矿区的商人，总结了多年的“转山”经验，将湖北的绿松石矿区大致划分为北、中、南三条线路。需要特别指出的是，三条线路的设定并不是完全按照绿松石矿脉的走向，同时还结合了各矿点的地理位置及交通网络情况，更像是湖北绿松石矿的“转山”路线图，值得大家借鉴。

郧县云盖蓝　样品由北京靓工坊提供。

郧西绿松石
样品由绿松石缘（北京）珠宝有限公司提供。

郧西菜籽黄 样品由一念一珠文玩珠宝提供。

北矿带是唯一一条全线在湖北省郧西县境内的矿带，西起自店子镇，沿六郎乡、马鞍镇、观音镇和涧池乡分布。这条矿带产出的绿松石，要么色彩斑斓，要么颜色奇异，要么纹理独特，并且质地均属上乘。北线的代表就是姚家坡矿区。姚家坡是位于涧池西北的绿松石矿区，20世纪50年代中晚期开始建设，至 70年代末已形成了西起偏头山，经金龙山至姚家坡的大矿区。进入 80年代后矿山逐渐走向没落，现已废弃。曾经的辉煌，如今已成为历史。但是，产自该矿区的瓷蓝、瓷绿料都是绿松石中的顶级原料。

郧西金龙山菜籽黄 样品由十堰韦氏精工坊提供。

鲍峡高蓝铁板花料　样品由绿松石缘（北京）珠宝有限公司提供。

中矿带经过了两省三县，起自陕西省安康市的白河县冷水镇，一路沿汉江向东经月儿潭、麻虎、白河，进入了湖北省郧西县的羊尾，从羊尾的汉江大桥南岸告别汉江，向南转入郧县的胡家营再向东南，到达鲍峡镇的东河止。刚一进入鲍峡镇，也就是鲍峡镇的西北角上，就是在绿松石界举世闻名的云盖寺矿了。中矿带以云盖寺、月儿潭（陕西白河）等矿区产出的绿松石质量最优。

郧县云盖寺菜籽黄

样品由十堰韦氏精工坊提供

竹山菜籽黄

样品由北京靓工坊提供。

云盖寺矿床位于郧县鲍峡镇北约7公里的云盖寺。矿床地质构造位置属武当地块西侧，月儿潭——鲍家店向斜南翼。矿区东西长 6000米，南北宽 500米，面积约 3平方公里。分为南、北、中3个矿带。绿松石矿呈透镜状、肾状、结核状、瘤状、鞍状、块状、串珠状、镶嵌状、脉状充填于构造裂隙或节理裂隙中，共有 3个含矿层。第一、第二含矿层最佳，是主要开采对象，平均含矿率为 $0.9kg/m^3$，富矿地段含矿率最高可达 $3kg/cm^3$。目前世界上最大的蓝绿色质地细腻结核状重 50公斤至 100公斤的绿松石就产于此含矿层。

竹山秦古绿松石

样品由十堰韦氏精工坊提供。

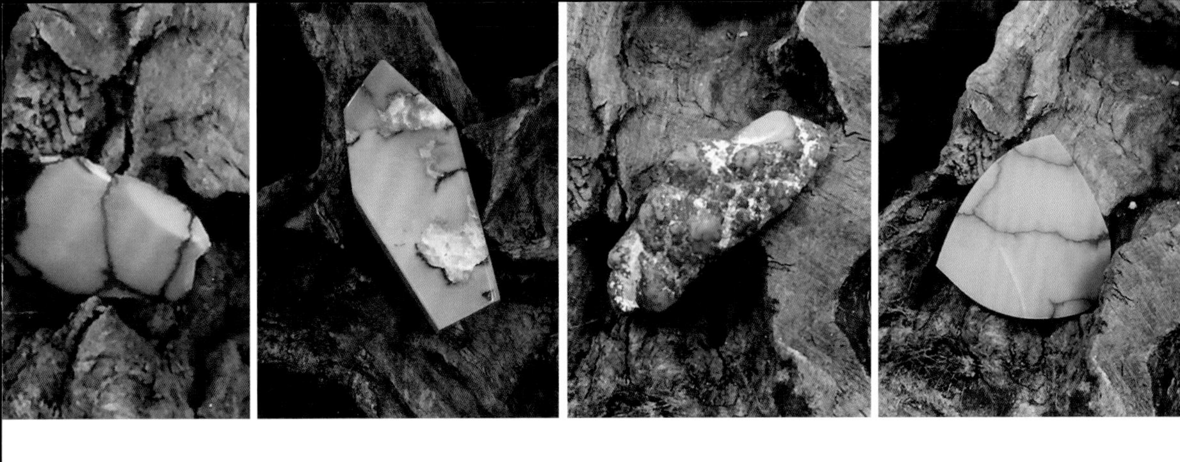

竹山秦古 808 矿绿松石　样品由十堰韦氏精工坊提供。

南矿带从陕西省旬阳县境内的秦岭北翼，穿过秦岭至南翼进入湖北的竹山县西部的大庙乡，一路延伸至竹坪得胜－秦古－擂鼓－宝丰－麻家渡－溢水－潘口－竹山直到文峰止。南矿带以竹坪（如七宝寨）、得胜（如金莲洞）、秦古（如808矿）、宝丰（如喇叭山）、溢水（如洞子沟、喻家崖等）、潘口（如丫角山）、竹山（如楼台、双台、三台等）等出产的绿松石最为出名。

竹山县绿松石含矿率 1.6～ 2.4kg/m^3，少部分富矿带可达 3～ 5kg/m^3。全县绿松石资源 5万吨以上，按 60%回采率算，其工业可采储量为 3万吨，因民间已开采约 1.5万吨，目前保有储量 1.5万吨左右。竹山绿松石主要以绿色为主，包括天蓝色、翠绿色、绿色、浅绿色、黄绿色、月白色等。绿松石形态主要为结核状，少量鲕状、脉状。结核状绿松石个体大小悬殊，大者可达 30cm×40cm，小者仅黄豆或米粒大小，形态有球形、葡萄状、饼状等，表面粗糙，凹凸不平，多被碳质、褐铁矿等包裹形成外壳。

竹山丫角山绿松石　样品由十堰韦氏精工坊提供。

二、安徽绿松石

安徽是国内绿松石产量仅次于湖北竹山的一大产区。其中，马鞍山是最主要的矿区，产量为安徽绿松石之最。所以，绿松石界常将安徽绿松石称作马货或马料。

安徽绿松石矿料

照片由绿松石缘（北京）珠宝有限公司提供。

马鞍山绿松石 样品由绿松石缘（北京）珠宝有限公司提供。

马鞍山地区位于宁（南京）芜（芜湖）火山岩盆地中段，蕴藏着大量的铁矿、硫铁矿床。在形成硫铁矿床的过程中，由于地质作用产生了许多绿松石矿化带和矿化点，绿松石矿化带多产出于铁矿体的顶部和边部。马鞍山地区绿松石主要发育在云台山、太平山、考山、笔架山、小南山、大黄山、殿庵山、凹山、丁山一带。丁山 – 凹山是绿松石矿化集中地段，向北矿化变窄至笔架山。

安徽绿松石中还有一个重要的产区就在枞阳、庐江、无为三县交界的铜矿区内，铜陵小籽就是产自于此。这一区域处在管理严格的铜矿开采区里，现在开采的矿口并不多，可品质极高，储量丰富。铜陵产的高蓝小籽料（铜陵小籽），虽然颗粒小，但颜色湛蓝，硬度极高，是安徽高品质绿松石的代表。

安徽绿松石质地细腻，呈不透明的天蓝色、淡蓝色、绿蓝色、绿色等多种颜色，色彩多样，以偏蓝的色调为主。安徽绿松石少有铁线，有的含黄铁矿包体，但总体来说纯净度较好，大部分适合做雕刻件。高档安徽绿松石硬度高、光泽强，表面瓷感及光泽可达釉面级。

铜陵小籽

照片由绿松石缘（北京）珠宝有限公司提供。

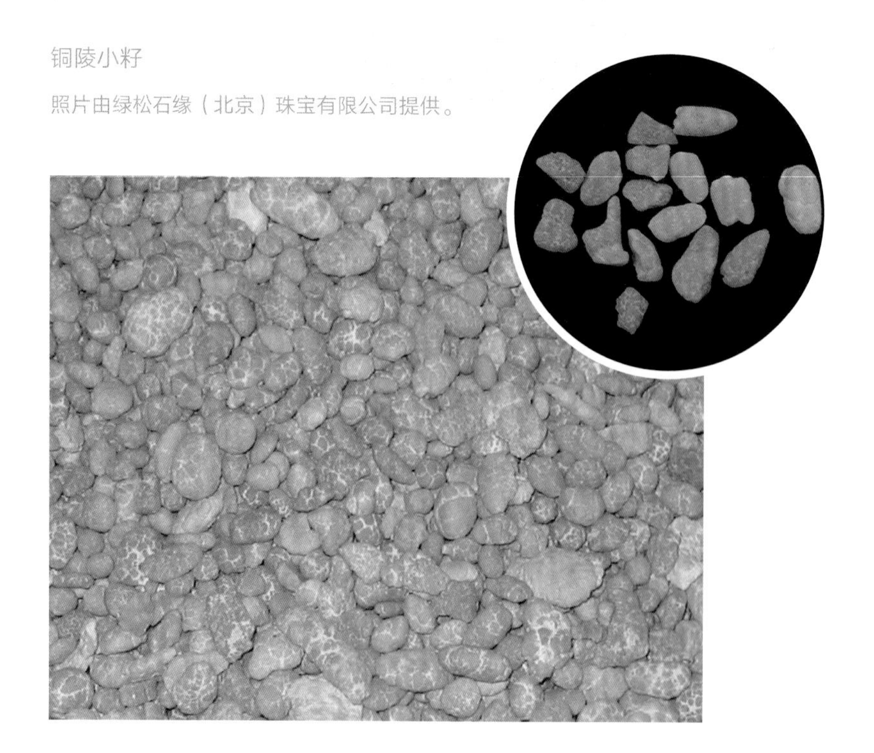

磷灰石假象绿松石　照片由绿松石缘（北京）珠宝有限公司提供。

世界唯一的磷灰石假象绿松石就产自马鞍山的大黄山矿区内的一个坑口,被称作“钉子料”,大的可以重达数十千克。

安徽绿松石矿埋藏较浅，开采条件好，开采成本较低，所以在国内外绿松石市场中占据较大的优势。

由于安徽绿松石被发现得相对较晚，开采最早的也只在改革开放以后，开采初期又多以原料批发为主，产地无成品加工，以至于零售市场认知度不高。加之产地交通条件、地方政策等诸多因素所致，时至今日也没有一个安徽绿松石的专业市场。也因为如此，大量的安徽绿松石通过外贸渠道流入美国。现在市面上热卖的睡美人绿松石中，应该就有来自安徽的绿松石。

三、陕西绿松石

秦岭东段鄂、陕、豫三省交界部是我国绿松石矿的主要成矿区。陕西绿松石资源主要分布于安康市境内，其中最为著名的就是白河县产区。白河的含矿带分布在汉江以南，已发现绿松石矿 10余处。

陕西绿松石与湖北绿松石其实一脉相承，从白河向西扩展到平利黄洋河一带，向东与湖北郧阳鲍峡店同属一条矿化构造带。因此，白河县也被视为湖北绿松石中矿带的起点。

白河县月儿潭矿床是陕西绿松石矿的代表，该矿产出的绿松石呈天蓝色、翠绿色，主要为葡萄状、环带状、块状、片状、薄膜状，不透明。

陕西白河绿松石　照片由绿松石缘（北京）珠宝有限公司提供。

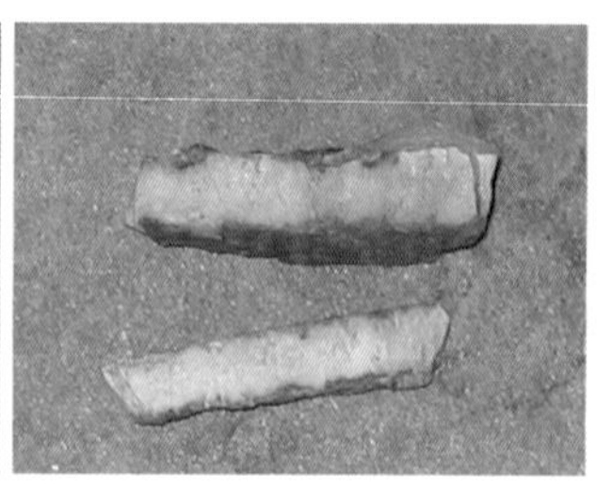

四、江苏绿松石

江苏绿松石资源分布在含磷、铝、铜元素较丰富的江宁、溧阳（均为南京市下辖的 2个区）等地。在江宁祖堂山、谷里等地发现有绿松石矿。绿松石矿在溧阳仙人山也有找矿线索。绿松石通常在氧化带内呈不规则细脉状、网脉状、团块状出现，呈蓝绿色、绿色等，属风化淋滤型。江苏绿松石目前没有形成矿区集中开采，少有的被开采出来的江苏绿松石，也因为距离马鞍山很近，被视为安徽料了。

五、河南绿松石

河南绿松石资源分布在西南部淅川县宋家湾一带。淅川绿松石是我国鄂、陕绿松石成矿带北支东延入豫的部分，含矿带位于下寒武纪炭质和硅质岩破裂带中，断续延 25km。绿松石呈结核状、扁豆状产出，呈绿色、蓝绿色、淡天蓝色，块度大者可达 10～ 20cm。

六、青海绿松石

青海松石资源分布在乌兰县镜内，已知在断层山和高特拉蒙见矿点，断层山绿松石矿产在破碎带中，含矿带长 1.3km,宽 10～ 60m。绿松石呈脉状、角砾状、团块状、结核状。含矿率为 150～ 1350g/m^3。绿松石为天蓝、浅蓝、翠绿色，风化后呈月白、豆绿、黄绿、黄、白等色。

七、新疆绿松石

新疆绿松石资源分布在哈密天湖地区。在 20世纪 60年代就发现了绿松石古采矿遗址。后来调查发现绿松石含矿带长约 2km，呈北西西向展布，宽度为 50m左右。

八、云南绿松石

云南绿松石资源分布在安宁地区。绿松石矿产于断裂破碎带中，呈脉状、团块状产出，颜色多为蓝绿色、黄绿色，隐晶质块状体，块度较小。作为保护矿点没有开采。

国外的绿松石资源

一、美国绿松石

美国绿松石主要产自美国西南各州的矿口，像亚利桑那州、内华达州、科罗拉多州、新墨西哥州等。尤其以亚利桑那州和内华达州产的绿松石最为出名，品质也非常好。国内比较知名的品种有亚利桑那州的睡美人、金曼、比斯比等，以及内华达州的兰德蓝、8号矿等。

美国睡美人绿松石原矿

样品由北京靓工坊提供。

美国睡美人绿松石挂件和戒面

1. 睡美人绿松石

（Sleeping Beauty）

睡美人是一个大矿，因为坐落在矿区周围的群山，看起来很像一个熟睡的女子，所以矿区取名睡美人了。睡美人绿松石质地细腻均匀，呈天然的蓝色，极少出现铁线，其干净、纯粹及诱人的蒂芙尼蓝深受消费者喜爱。睡美人绿松石产量大、净度好，但是大部分的睡美人绿松石硬度达不到高硬，而且佩戴一段时间后颜色会发生变化，因此在美国只属于中档绿松石。睡美人多出产原矿的戒面和珠子，由于容易变色，起初销路并不是特别好。由于近几年国内大量地流行高蓝、素料，再加上睡美人量大，价格相对于其他的高瓷高蓝绿松石便宜，所以近几年在国内卖得不错，价格涨幅较大。

美国比斯比绿松石，巧克力色的铁线是该矿绿松石的标志。

2. 比斯比绿松石 （Bisbee）

比斯比矿位于亚利桑那州的小镇比斯比。这个小镇除了有绿松石矿，还有铜矿、银矿和金矿，但最出名的还是绿松石矿。比斯比矿的绿松石非常特殊，它以深蓝的颜色和坚硬的质地闻名于世。优质的比斯比绿松石是世界上著名的高品质绿松石，它硬度高，颜色为亮蓝色，铁线呈褐色、红色、巧克力色，形成独特的蛛网状绿松石。铁线的颜色是比斯比绿松石特有的印记，可以让它与世界上绝大多数产地的绿松石区分开来。

当然，比斯比绿松石并不全是高品质绿松石，也产出其他颜色和质地的绿松石。例如，比斯比矿中还发现了绿色的绿松石，但优质的绿色绿松石却很罕见。

一般的绿松石矿离地表较近，比较易于开采。而比斯比绿松石矿需要深挖至地下几千米，且原料块度不大，附着在坚硬的岩石上，开采十分困难，成本很高。目前，这个矿处于封矿状态，重新开采的可能性不大。因此，比斯比绿松石极具投资收藏价值。

3. 兰德蓝绿松石 (Lander Blue)

兰德蓝矿位于内华达州，这个矿的产量非常的小，这几十年，总共的毛石产量不过几十公斤。兰德蓝矿又被称作“帽子矿”，可能是因为矿口太小，似乎一顶帽子都可以将其盖上；又有说法是因为产出量太少，一顶帽子就可以带走，故而得名。兰德蓝绿松石硬度非常高，蓝度很特殊，颜色稳定性好，铁线基本为黑色，

美国兰德蓝绿松石

图片来自于网络。

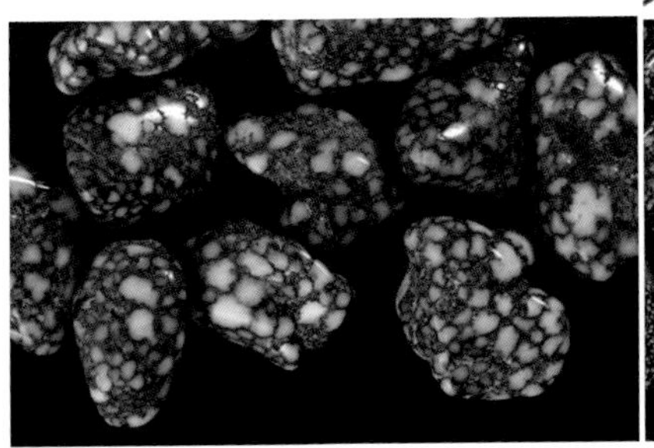

犀利而不混浊，和湖北绿松石中的乌兰花很像。兰德蓝绿松石产量稀少，产出的绿松石质地优良，价格一直居高不下，是目前世界上最贵的绿松石。

4. 金曼绿松石（Kingman Mines）

金曼绿松石矿是美国最老和质地最优的绿松石矿之一，坐落在离亚利桑那州的金曼 14英里远的爱瑟卑特山。附近有丰富的铜矿资源，这也是为什么金曼能产出顶级松石的一个客观的原因。

顶级的金曼绿松石的颜色为漂亮的天蓝色，称之为金曼蓝，在商业上甚至被列为色标。最好的金曼松石被发现于伊萨卡产区，这个产区的绿松石质地最好，硬度最高，呈中蓝色到深蓝色，经常点缀着黄铁矿。一经推出，则遭到了疯抢，而且供不应求，终于在 1972年左右，这种绿松石资源耗尽，然后封矿了。除了伊萨卡外，金曼绿松石比较出名的品种还有鸟眼、黑网等。

美国金曼绿松石

黑网，密集的铁线网格是其特点。样品由北京靓工坊提供。

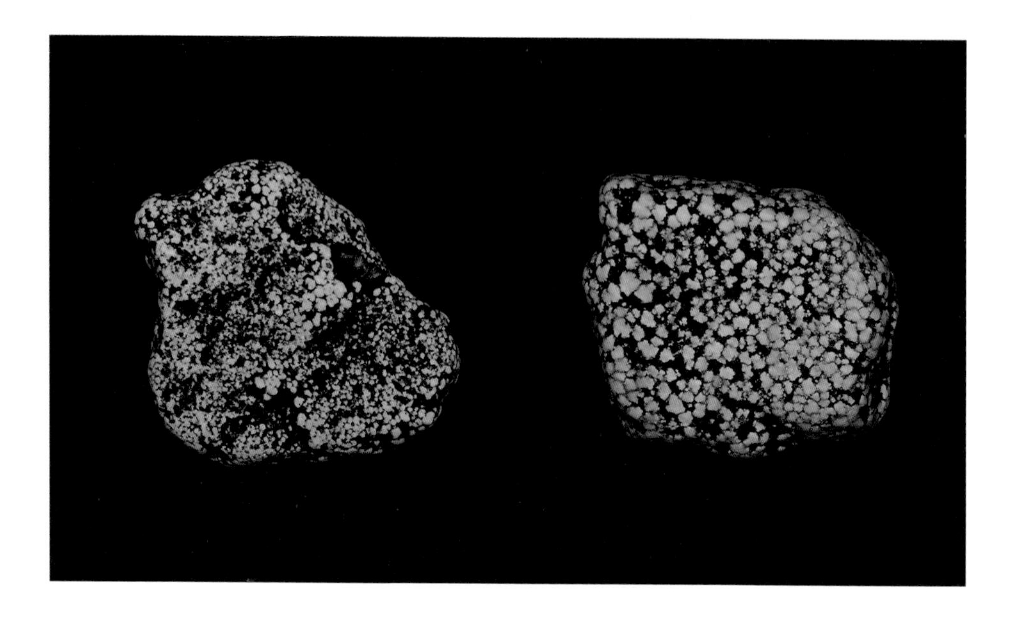

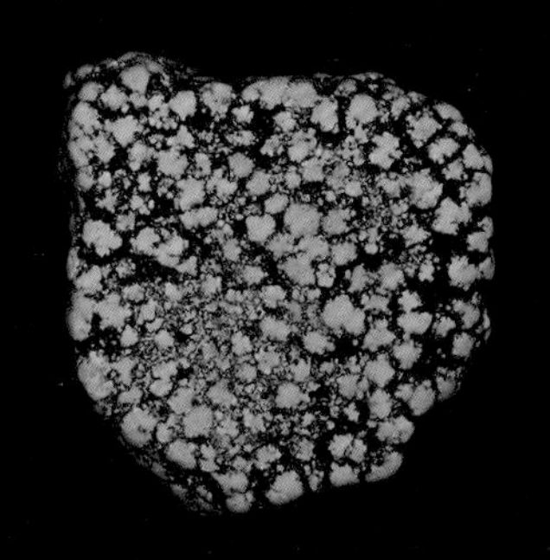

美国金曼绿松石

黑网，密集的铁线网格是其特点。

样品由北京靓工坊提供。

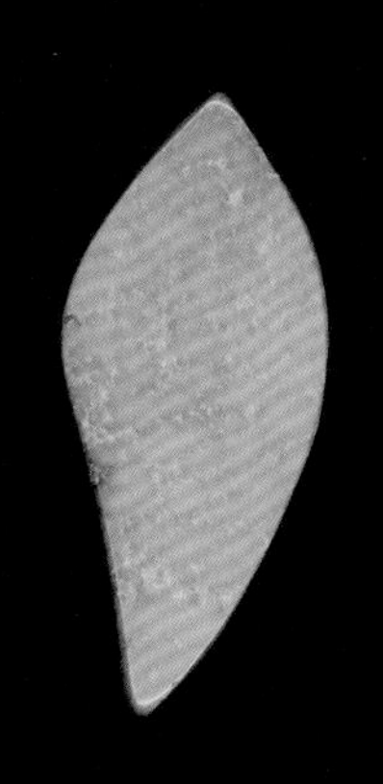

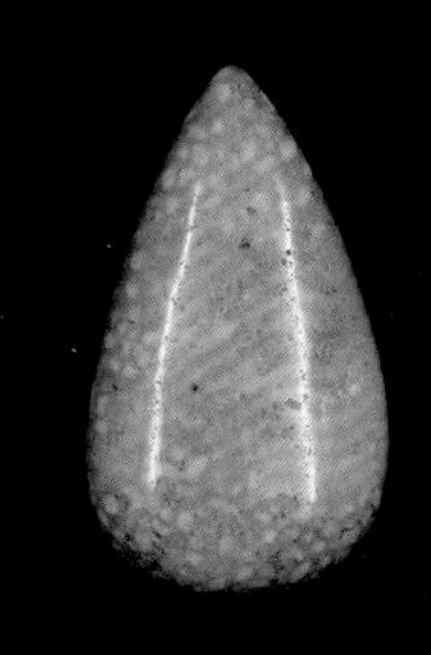

美国金曼绿松石

鸟眼，蓝色条带形成网格状分区，

每个区域边缘颜色深，内部颜色浅。

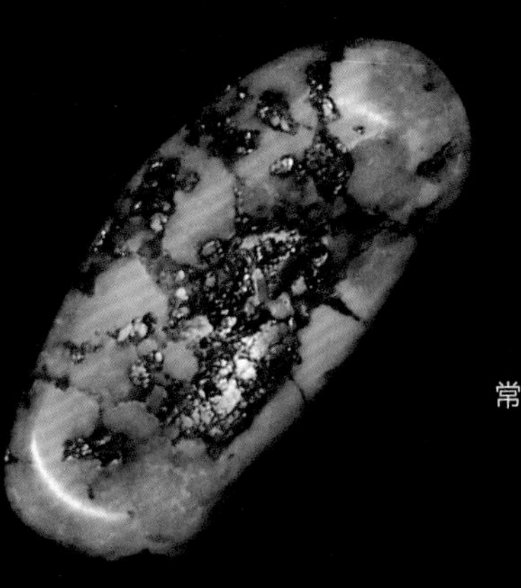

美国金曼绿松石

伊萨卡，该矿产出的绿松石颜色漂亮，

为中蓝色至深蓝色，质地好，硬度高，

常点缀着黄铁矿，产地特征明显，非常受欢迎。

样品由北京靓工坊提供。

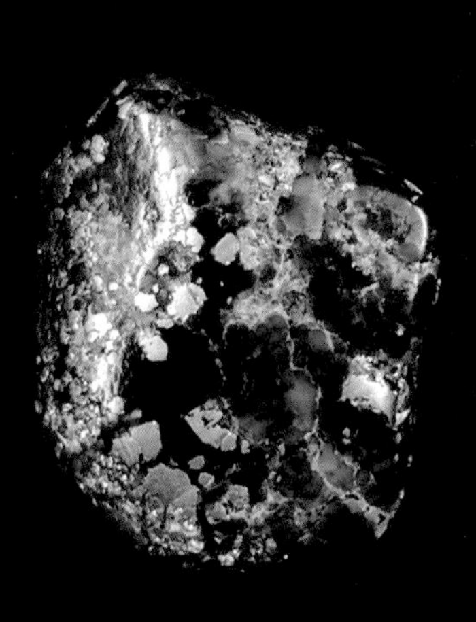

5. 罗伊斯顿绿松石（Royston）

罗伊斯顿矿区位于内华达州托诺帕地区，方圆数英里，包含有许多矿点。罗伊斯顿绿松石以其漂亮的颜色而闻名，其颜色从深绿色到浓郁的蓝色都有，围岩为深褐色或金褐色。罗伊斯顿绿松石的颜色变化较大，蓝色和绿色调可以出现在同一块绿松石原石或弧面中，这是它闻名于世的另一个原因。

罗伊斯顿所产出的绿松石品级都比较高。

美国罗伊斯顿绿松石把件

表面独特的褐黄绿色和内部的浅蓝色，给了雕刻师丰富的想象空间，巧妙的俏雕美轮美奂，赋予了原料新的生命，极大提升了绿松石的价值。样品由北京靓工坊提供。

美国罗伊斯顿绿松石的小饰品

虽然矿物杂质影响了价值，但依然无法掩盖其特有的褐黄绿和亮丽的浅蓝色。样品由北京靓工坊提供。

美国蓝月亮绿松石

迷人的淡蓝色令人爱不释手，外观极像湖北绿松石，部分具有银灰色的铁线可以与湖北绿松石区别。

样品由北京靓工坊提供。

6. 蓝月亮绿松石 (Blue Moon)

蓝月亮绿松石矿位于美国内华达州坎德拉利亚山的埃斯梅拉达县，生产浅到中等蓝色的绿松石，顶级的有深蓝色。该矿许多绿松石是淡蓝色并伴有黑色蜘蛛网花纹，非常像中国湖北的绿松石。

7. 8 号矿 (Number 8)

8 号矿位于美国内华达州，从上世纪 30 年代到 50 年代，其生产达到顶峰，是内华达州优质绿松石的主要产出矿之一。该矿产出的绿松石涵盖从淡蓝色、蓝绿色到深蓝色的色调变化，具有黑色、金色、红色或棕色的铁线分布。漂亮的黑色和红色的蜘蛛网状铁线深受欢迎。

美国 8 号矿绿松石

经过注胶处理。样品由北京靓工坊提供。

美国蓝湖绿松石挂件及小饰品　样品由北京靓工坊提供。

美国蓝湖绿松石挂件及小饰品　样品由北京靓工坊提供。

8. 蓝湖绿松石 (Carico Lake)

蓝湖绿松石矿位于美国内华达州。其颜色范围从漂亮的蓝绿色到天空蓝，再到带点绿色的土黄色，非常丰富。该矿区还产出极具特点的含锌的苹果绿色绿松石，深受收藏界欢迎。

除以上几个矿外，美国绿松石还有很多绿松石矿点，如试点山（Pilot Mountain）、内华达州蓝（Nevada Blue）、狐狸（Fox）、蓝色宝石（Blue Gem）等。

二、伊朗绿松石

伊朗绿松石又称为波斯绿松石，尼沙普尔、科尔曼等地均有绿松石产出。伊朗绿松石的开采历史可以追溯到5000年以上。数百年来，在欧洲和西亚所使用的绿松石，几乎都来自伊朗的尼沙普尔。伊朗绿松石很早就进入中国，元代的陶宗仪在其著作《辍耕录》中就将尼沙普尔绿松石称为“回回甸子”，将科尔曼绿松石称为“河西甸子”。

最优质的波斯绿松石产于伊朗的尼沙普尔，它位于伊朗的东北部地区。伊朗绿松石有两种产出状态，一种产自蚀变的粗面岩中呈细脉，另一种见于冲击砂矿之中。最好的绿松石见于砂矿中呈卵石状，表面已风化为白垩状，中心部分则为高品质的绿松石。

波斯绿松石以漂亮的蓝色和优美的铁线深受人们喜爱，是优质绿松石的代表，地位等同于湖北绿松石。

伊朗绿松石原石　图片来源于网络。

埃及绿松石工艺品

图片来自于网络。

三、埃及绿松石

埃及绿松石产于埃及西奈半岛西南部的荒漠之中，方圆650平方公里之内，分布着6个绿松石矿区。根据欧洲考古发现，该地区早在7500年前就对绿松石矿进行开采。

埃及绿松石多呈蓝绿色和黄绿色，在浅色的底子上有深蓝色的斑点，虽然质地细腻，但颜色不受欢迎。但是成色好的高品质绿松石还是受到欧美及中东商家的追捧，并称之为西奈红蜘蛛。

上述几个国家是世界上最著名的绿松石出产国。除此之外，墨西哥、蒙古、俄罗斯及独联体国家均有绿松石产出，中国市场上也陆续见到来自这些产地的绿松石。

墨西哥绿松石　样品由北京靓工坊提供。

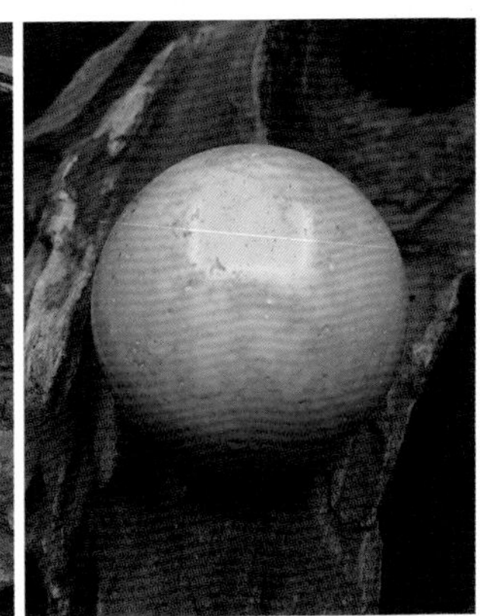

俄罗斯绿松石

这是珠宝展上见到的绿松石样品，

据说来自于哈萨克斯坦或亚美尼亚。

照片由绿松石缘（北京）珠宝有限公司提供。

蒙古绿松石

样品由一念一珠文玩珠宝提供。

绿松石的宝石学特征及品种划分

绿松石玉的主要组成矿物为绿松石，另外常与埃洛石、高岭石、石英、云母、褐铁矿、磷铝石、磷钙铝矾、纤磷钙铝石等矿物共生。其中，高岭石、石英、褐铁矿等物质加入的比例将直接影响绿松石的品质。

Chapter 3

绿松石的宝石学特征及品种划分

绿松石的宝石学特征

绿松石玉的主要组成矿物为绿松石，另外常与埃洛石、高岭石、石英、云母、褐铁矿、磷铝石、磷钙铝矾、纤磷钙铝石等矿物共生。其中，高岭石、石英、褐铁矿等物质加入的比例将直接影响绿松石的品质。

绿松石的颜色可以从天蓝色到深蓝、淡蓝、湖水蓝、蓝绿、苹果绿、黄绿、浅黄、浅灰色等。其中蓝色和深蓝色为最好，但十分罕见；天蓝或微带绿的蓝为常见的优质品，苹果绿、黄绿色次之。

绿松石是一种含水的铜铝磷酸盐，化学式为 $CuAl_6(PO_4)_4(OH)_8 \cdot 4H_2O$。绿松石为自色矿物，$Cu^{2+}$、$Fe^{3+}$和 Fe^{2+}的综合作用决定绿松石的颜色。Cu^{2+}致绿松石的基本色调为蓝色；Fe^{3+}取代 Al^{3+}导致绿松石的颜色为红色与黄色；Fe^{2+}导致绿松石的绿色调，同时也适当提高了绿松石颜色的浓度和亮度。故绿松石以蓝色和绿色为基调，纯的绿松石呈现蓝色和天蓝色。随着铁含量的增加，绿松石的颜色逐渐由蓝、绿到土黄色。

绿松石是一种含水的矿物，水含量一般在 15%~20%之间，其间水以结构水、结晶水及吸附水三种形式存在。随着风化程度的加强，绿松石中的水含量逐渐降低。结构水、结晶水及吸附水的流失，将导致绿松石结构完善程度的降低，从而改变绿松石颜色的明度、浓度和色调。随着 Cu^{2+}和水的逐渐流失，绿松石的颜色将由蔚蓝色变成灰绿色以至灰白色。

绿松石属三斜晶系，通常情况下为隐晶质集合体，单晶极少见。据资料显示，目前，只有在美国的弗吉尼亚州产出过单晶绿松石。

单晶绿松石　图片来源于网络。

绿松石通常呈致密块状、块状、皮壳状等隐晶质集合体。原石大致可分为结核状、浸染状、细脉状三种。集合体绿松石不透明，多呈蜡状光泽、油脂光泽，质地好、抛光好的绿松石可达到玻璃光泽。一些质地差、呈灰白色调的绿松石具白垩状外表，为土状光泽。

绿松石集合体的折射率在1.610～1.650之间，点测法通常为1.61。绿松石的折射率与其品质有着密切的关系。不同质地、不同颜色的绿松石折射率稍有差异。质地好、颜色鲜艳的天蓝色绿松石折射率较低，为1.623～1.630；绿色或略带黄色色调的绿松石折射率较高，为

1.641～1.670，这是由于铁含量增高所致；质地差、灰白色绿松石折射率最低，为1.617～1.626，这与其结构被破坏有关。

绿松石属于孔隙度发育的矿物，吸附能力强，与折射油长时间接触会导致绿松石被测部分因吸附折射油而变色。因此，测折射率这一方法要谨慎使用。

绿松石的密度为2.76（+0.14，−0.36）g/cm^3。高品质的绿松石，密度应在2.8~2.9g/cm^{3}之间。多孔隙的绿松石密度可降到2.40g/cm^3。

绿松石硬度为5～6，在地表由于风化作用和铜的流失，硬度变小。高品质绿松石硬度高，大于5，俗称“瓷松”，以艳丽、纯正、匀净之天蓝色为上品；硬度在4.5～5之绿松石次之，市场上称之为“硬松”；硬度在3～4.5者称“面松”，色淡不净，系风化失水脱色引起，属低档品。

绿松石在结构、构造上常有一些典型特征。

1. 绿松石在绿色、蓝色的基底上常可见一些细小的、不规则的白色纹理和斑块，它们是由高岭石、石英等白色矿物聚集而成的。

2. 绿松石中常有褐色、黑褐色的纹理和色斑，称之为铁线，它是由褐铁矿和碳质等杂质聚集而成的。个别样品中可以见到微小的蓝色圆形斑点，这是由沉积作用形成的。

绿松石的品种划分

目前，国内外珠宝界对于绿松石的品种划分，并没有一个严格的标准。大体上有以下几个分类方法。

一、按颜色分类

按照颜色的不同，可以将绿松石分为天蓝色、深蓝色、浅蓝色、蓝绿色、绿色、黄绿色、浅绿色等品种。

不同颜色的绿松石

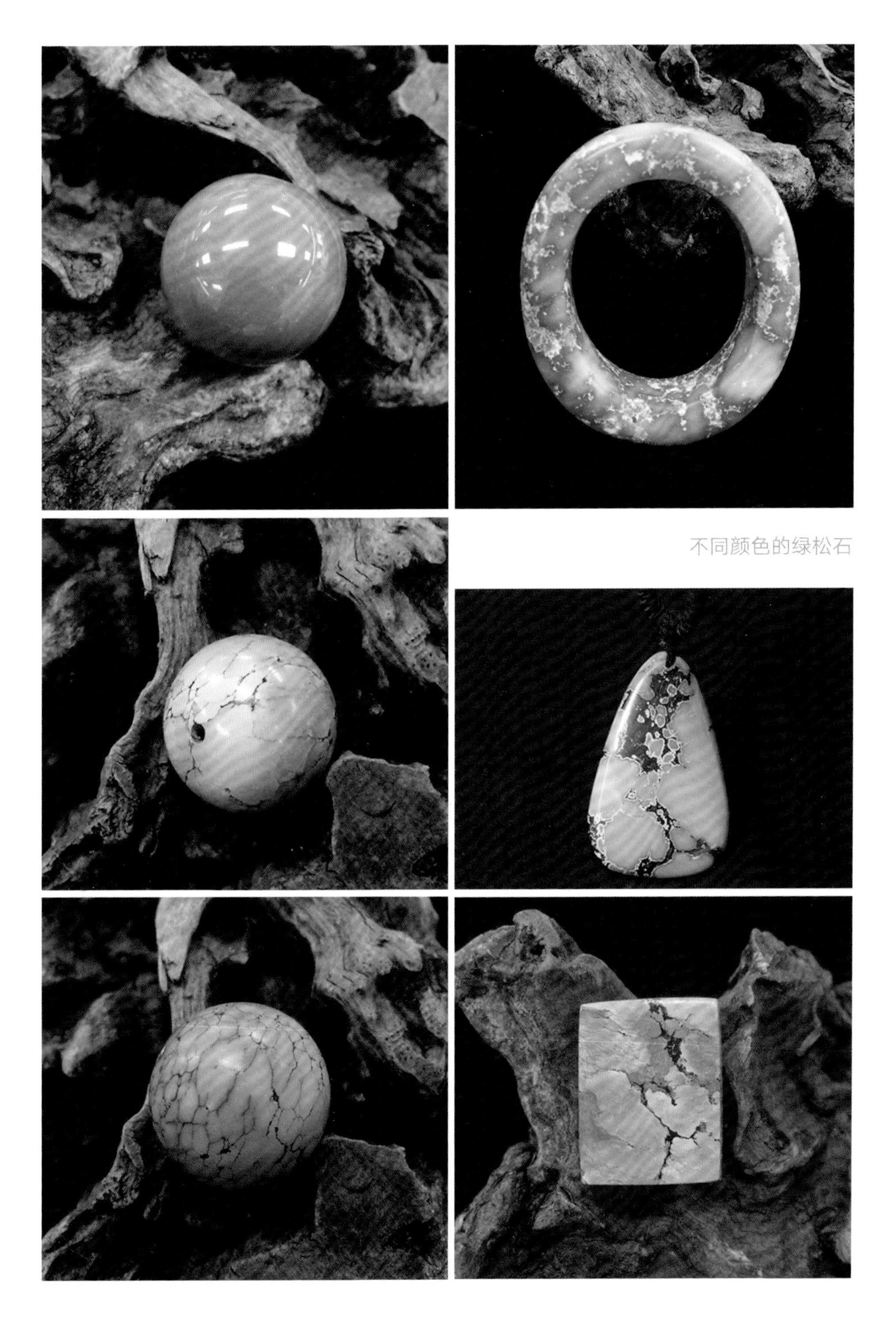

不同颜色的绿松石

二、按产状分类

1. 晶体绿松石

一种极为罕见的透明绿松石单晶体，粒度很小，琢磨的成品宝石不足 1ct，已知仅产于美国弗吉尼亚州。

2. 块状绿松石

一种呈块状产出的绿松石集合体，外层常有灰褐色、黑褐色、黄褐色、灰白色、灰黄色等皮壳，皮壳内部绿松石的品质从高到低不等。

3. 浸染状绿松石

一种呈浸染状充填于围岩角砾间的绿松石。绿松石本身常有压碎现象，呈斑状、角砾状。

4. 脉状绿松石

呈脉状赋存于围岩破碎带中的绿松石。

块状绿松石

陕西白河脉状绿松石，产出后呈片状

照片由绿松石缘（北京）珠宝有限公司提供。

5.结核状绿松石

呈卵状、椭球状、葡萄状等形态的绿松石，大小悬殊。

6.磷灰石假象绿松石

磷灰石假象绿松石又称为“假象绿松石”“柱松”，是指在地质作用过程中，后期形成的绿松石矿物，其外形完整或部分保持了原来磷灰石矿物晶形的现象。假象绿松石晶形多由磷灰石的六方柱和六方双锥聚合而成，多以单体存在，少数呈连生晶体，其晶体集合体主要呈放射球粒状结构。

据现有的资料显示，假象绿松石仅产于我国安徽的马鞍山和墨西哥北部的索诺拉州。安徽马鞍山绿松石矿中产出的假象绿松石为致密的块状体，质地致密，经打磨抛光后，呈柔和光泽，绿蓝色，是较上等的玉石材料。

马鞍山绿松石，呈结核状产出
照片由绿松石缘（北京）珠宝有限公司提供。

磷灰石假象绿松石
照片由绿松石缘（北京）珠宝有限公司提供。

三. 按质地分类

1. 瓷松

质地最硬的绿松石，摩氏硬度为5.5～6。颜色鲜艳均匀、质地细腻、无缺陷，断口呈贝壳状，抛光后光泽似瓷器，故称为“瓷松”。

湖北郧县高瓷高蓝绿松石

样品由绿松石缘（北京）珠宝有限公司提供。

2. 硬松

摩氏硬度4.5～5.5，比瓷松略低。颜色常呈蓝绿色到豆绿色，质量次于瓷松。

湖北硬松绿松石

图片来源于网络。

3. 泡松

又称面松，常呈淡蓝色到月白色，具典型的白垩状外观，摩氏硬度在4.5以下。这种绿松石软而疏松，为质量最次的绿松石，通常须经人工处理（染色、注胶等）才能使用。

泡松　淡蓝色，表面呈白垩状外观，硬度低。图片来源于网络。

4. 铁线松

具有褐色、黑褐色铁线的绿松石。铁线呈网状、细脉状分布，使绿松石表面呈现龟背纹、网纹、脉状纹，犹如墨线勾画的自然图案，美观而别具一格。具有美丽蜘蛛网状纹理的铁线绿松石，是绿松石中的上品。

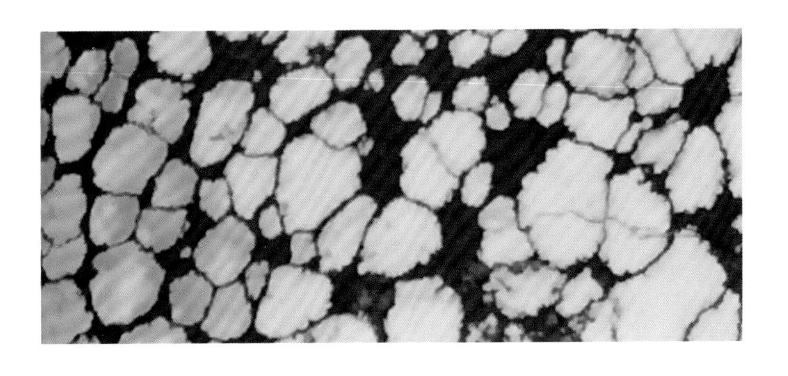

铁线绿松石　纹理自然美观，照片由北京靓工坊提供。

Chapter 4

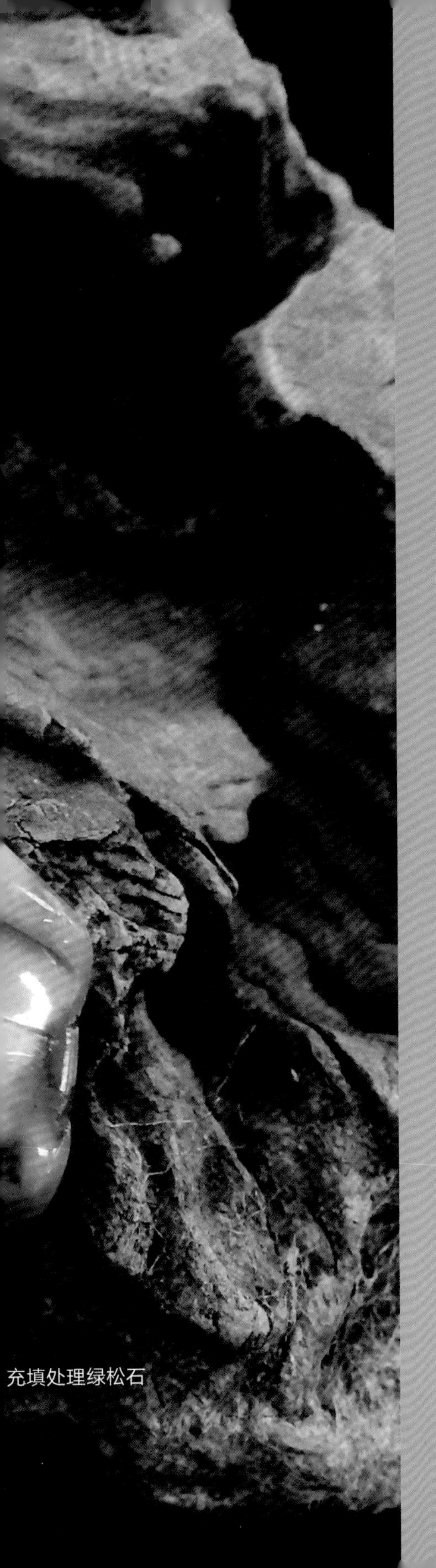
充填处理绿松石

绿松石的优化处理及其鉴别

虽然国内外出产绿松石的矿区不少，但相对储量不大，有的绿松石矿已经开采殆尽。同时，高品质绿松石原料极少，大多数原料因自身脆性问题，加工成品率很低，有的低品质绿松石甚至无法加工。为了能够充分利用有限的绿松石原料，各种绿松石的处理方法应运而生。

绿松石的
优化处理及其鉴别

绿松石的优化处理方法

绿松石是一种铜和铝的含水磷酸盐矿物，为多晶集合体玉石。这种玉石材料均具有一定的孔隙度，然而孔隙度的大小直接影响绿松石的一系列物理性质。

● 绿松石材料的多孔性造成绿松石的吸附性，易吸附一些污物，如化妆品、液体、油脂，甚至灰尘，从而造成绿松石的颜色改变。

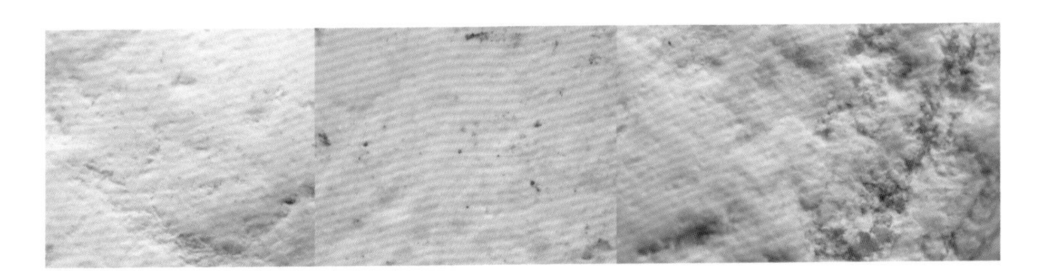

绿松石表面孔隙度大，结构松散，硬度低，具白垩状外观，抗污染能力差，加工易碎，成品率极低。这样的原料都要经过孔隙度改善才能用于加工。

● 孔隙度大使得绿松石稳固性降低，抛光性能和可切割性能差。

● 绿松石的孔隙直接影响其颜色外观，绿松石的孔隙被空气所充填，如果孔隙直径大于可见光波长(如1μm)那么会造成光的散射。被散射后的白光会重新叠加，使宝石呈现白色、云雾状和乳白色的外表。即使材料本身颜色很深，由于散射作用使颜色变浅变淡，甚至发白，具白垩状外观。相反，如果这些孔隙被填充，减弱光的散射强度，则颜色会明显变得更饱和、更深了。就像一条柏油马路，路面干的时候，颜色发灰发白，下雨之后，路面的颜色就会变得更深更浓。因为路面的孔隙被雨水填充，光的散射被大大降低了。绿松石其实也是同样的道理。

经过充填处理的绿松石碎料，在结构相同的情况下，胶渗透较为充分的部分的颜色深，而胶没有渗透到或渗透少的地方，颜色浅或发白。

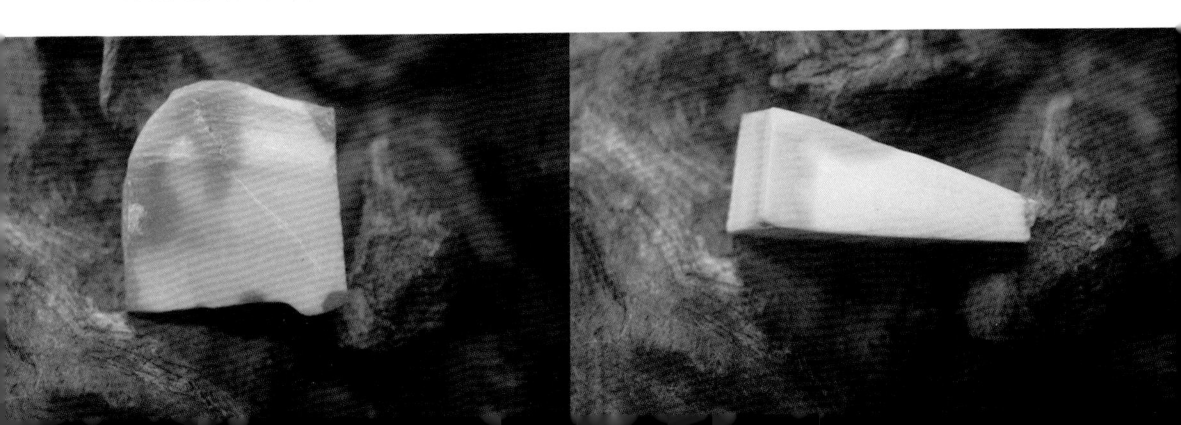

因此，降低绿松石孔隙度是所有绿松石改善方法的最基本原理。有效地降低绿松石的孔隙度，不仅可增强绿松石抗污染能力，提高绿松石的稳固性，改善绿松石的可切割性和抛光性能，而且可以使绿松石的颜色外观得到改善。即使不染色，绿松石的颜色同样可以变深变浓，光泽增强。

几十年来，人们通过给绿松石充填蜡、塑料等高分子聚合物来提高其稳定性，这样不仅增加了它的耐久性，还加强了它的颜色和表面光泽。另一种比较成熟的处理方法是染色，将浅色或白色绿松石染成蓝色或绿色。近年来，又出现了一些新的绿松石处理方法。其中最特殊的是扎克里（Zachery，下同）法处理，通过降低绿松石孔隙度提高了光泽，其颜色也有所加强。

扎克里（Zachery）法处理后的绿松石，光泽和颜色明显得到改善。

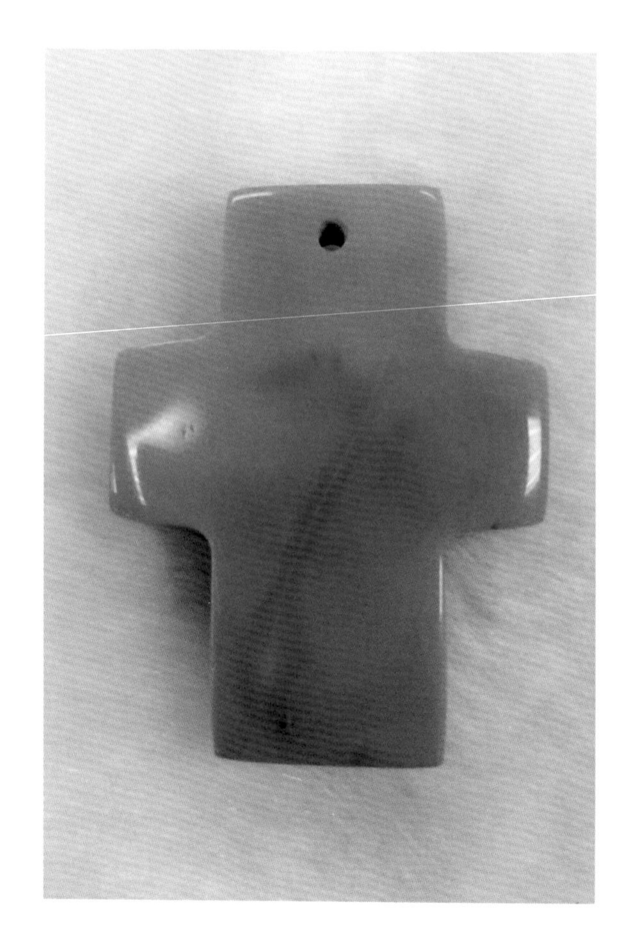

除了以上提到的一些处理手段，事实上，根据绿松石原料的不同情况，还会有其他的一些针对性的处理方式。

以下介绍市场上最为常见的一些绿松石的处理方法。

一、充填处理之注胶

注胶又称作灌胶、加胶、注塑，是绿松石最常见的处理方式。在真空、高压的条件下，将高分子聚合物（通常是环氧树脂、聚丙烯酸酯等）充分渗透进绿松石的孔隙中，大大提高了绿松石的韧性，外观颜色也同时得到了明显改善。

注胶所针对的是低端绿松石玉料，尤其是那些孔隙发育，用手可以捻出粉末的泡松（又称面松）。这些原料如果不注胶，根本无法加以利用，通过注胶，的确可以化腐朽为神奇，让这些无法利用的渣料得以物尽其用，充分满足了低端市场的需求。

国内注胶处理所需要的设备通常有烤箱、真空泵、增压泵、

面松

具白垩状外观，手捻掉粉，必须注胶，否则无法加以利用。

高压容器。注胶处理的基本步骤是：清洗原料→原料的干燥→抽真空→加压灌胶→固化处理。

1. 清洗原料

绿松石原材料表面通常或多或少地含有其他矿物或杂质，为了提高加胶的效果，在注胶前，需要用清水对原材料进行反复清洗，去除表面杂质。有时会用酸去除一些杂质矿物或杂色，再用清水反复清洗，然后将原材料晾干。

2. 原料的干燥

将清洗后的原料放入烤箱内进行烘烤、干燥。

3. 抽真空

将经过干燥处理的原料装入高压容器中，将容器密封，然后用真空泵对高压容器抽真空。

4. 加压灌胶

将环氧树脂和固化剂按比例调配好。通过高压容器的进胶口，把配制好的胶水加入容器中。待胶水完全充满整个容器内部后，改用增压泵，持续对容器内部进行加压，使胶水充分浸入绿松石原料内部。根据绿松石原料的不同情况（如孔隙度的差异）和想要达到的目的不同，加压的时间也不尽相同。

5. 固化处理

将灌加好胶水的绿松石原料放置在带有温控的烤箱里，把温度控制在 100～110℃，开始加热固化。对于不同类型的固化剂或固化剂比例的变化，加热的温度和时间是不同的。

高分子聚合物进入到结构较为松散的绿松石的裂隙和孔隙

中，增加其黏结力，使绿松石变得致密，性质更稳定，硬度和韧性有所提高，颜色也得以改善。这种处理的目的侧重于增强稳固性，所以又称“稳定化”处理。

显然，直到目前为止，注胶处理中，高分子聚合物的使用依然占主导地位。但不能否认的是，随着珠宝检测技术的日益提高，注入高分子聚合物这种处理方式已经不难被检测出来。随着人们对充填物认识的逐渐深入和不断摸索，一些新的充填物或各种充填物的混合物也越来越多地被尝试用于绿松石的充填处

国内在绿松石注胶处理工艺中普遍使用的高压容器和烤箱。

理中，如有机硅树脂的加入能更好地提高绿松石的硬度等特性，但同时也大大增加了鉴定的难度。近期，国家珠宝玉石质量监督检验中心成功检测出有机硅充填的绿松石样品。

注胶充填处理绿松石

这几件漂亮的绿松石首饰，经检测，全部是经过注胶充填处理的。无论颜色还是光泽，都达到了顶级绿松石的外观。

有机硅充填绿松石

二、充填处理之浸胶

浸胶又称沁胶，是近几年市场上较为常见的处理方法。该方法源于人们对原矿绿松石的追逐。

随着绿松石市场的持续升温，人们对绿松石的认知度逐渐提高，对注胶绿松石也慢慢开始排斥。一方面为了满足市场对原矿绿松石的需求，另一方面又要保证绿松石的成品率，浸胶技术应运而生。

所谓浸胶，就是将绿松石原料（有时还带着矿皮）直接放入无色的高分子聚合物（环氧树脂、聚丙烯酸酯等）中，常温常压下浸泡。一段时间后，胶渗入到绿松石原料的浅层孔隙中，起到固结作用，在后期的切割、雕刻等加工过程中，绿松石不容易崩裂，从而提高绿松石的成品率。

浸胶所针对的基本是中等品质的绿松石原料。胶渗入的深浅，取决于绿松石的质地。质地好，孔隙度小，胶渗入就浅；质地差，孔隙度大，胶渗入就深。往往同一块绿松石原料的不同部位的质地存在差异，再受到铁线、裂隙的影响，因此胶渗入的深浅不一。

如果胶渗入浅，在雕刻和打磨抛光的过程中，胶的渗入层就会被打磨掉，绿松石成品表面没有胶的残余，这时我们依然可以认为该绿松石是原矿。

但如果胶渗入较深，加工好后的绿松石成品表面有胶的残余，则不能视为原矿，按国家标准规定依然视其为充填处理。但商业上将其称为“微浸”或“微沁”，以区别于高压注胶绿松石。

浸胶绿松石，不同部位因为结构的差异、铁线、裂隙等问题，导致胶的渗入不均匀，不同部位颜色深浅不一。这种颜色深浅不一的现象也是业内区别绿松石浸胶、注胶的主要特征。

当然，如果绿松石原料本身品质较差，即使常温常压下浸胶，胶的渗入也会比较深，这时称之为“微沁”显然就不合适了。

三、充填处理之局部补胶

有些绿松石成品加工好后，表面会有一些裂隙或者凹坑，为了美观，往往会用胶将这些裂隙、凹坑填平。这些处理工艺往往是纯手工完成，所用的胶水主要是502胶。

处理后的绿松石，补胶处隐蔽性强，有时看似无色透明的矿物包体，使人在判断上产生错觉。

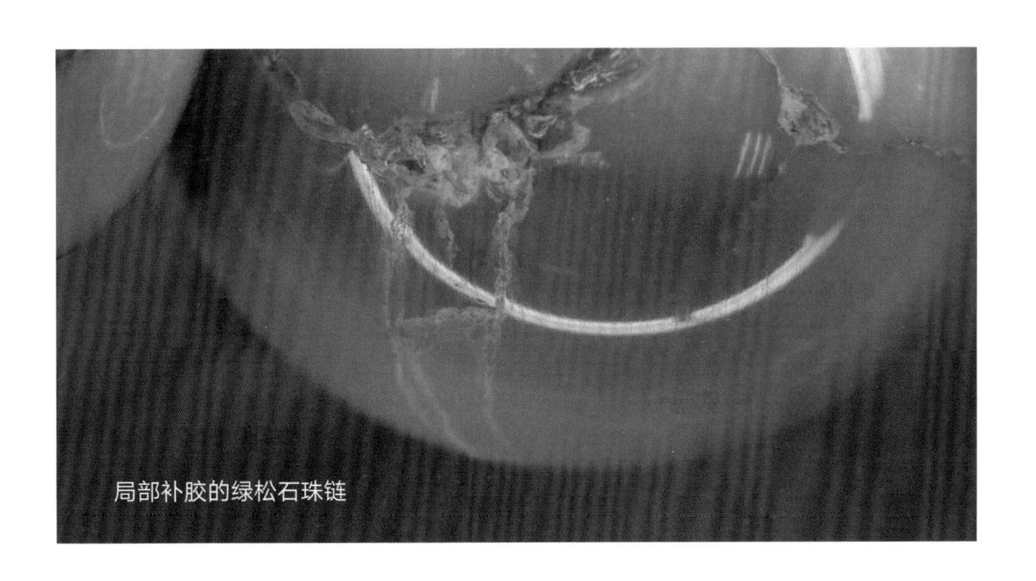
局部补胶的绿松石珠链

四、充填处理之铁线造假

铁线是绿松石独有的特征，当我们将注意力集中在绿松石基质本身时，可能忽略了铁线也会造假。铁线造假是这些年较为常用，也是最容易被人们忽略的处理方式。作假铁线的目的在于掩盖表面裂隙、凹坑，提高绿松石的价值。

漂亮、均匀的蜘蛛网纹铁线，可以提高绿松石的价值。高手可以把铁线做得漂亮、逼真，足以掩人耳目，不仔细观察，很难看出端倪。如果一串手链或者项链中的某一粒或是某几粒局部铁线造假，更是难以察觉。

据了解，在美国，绿松石不完全是按品质论价，产地在决定其价值的因素中占了很大比重，专门有收藏家针对某一个矿区的绿松石进行收藏。而铁线是判断绿松石产地非常重要的依据。例如，美国比斯比矿的绿松石，其价值在绿松石收藏界居高不下，巧克力色的铁线是该矿区绿松石最为出名的特征。世界上其他矿区的绿松石极少出现类似的铁线。可在实际检测中，我们就发现一件绿松石样品人为制造了巧克力色的铁线，而该样品正是被当作比斯比矿绿松石收藏的。

作假铁线是一个技术活，在湖北的绿松石产地，专门有人从事作假铁线的工作。

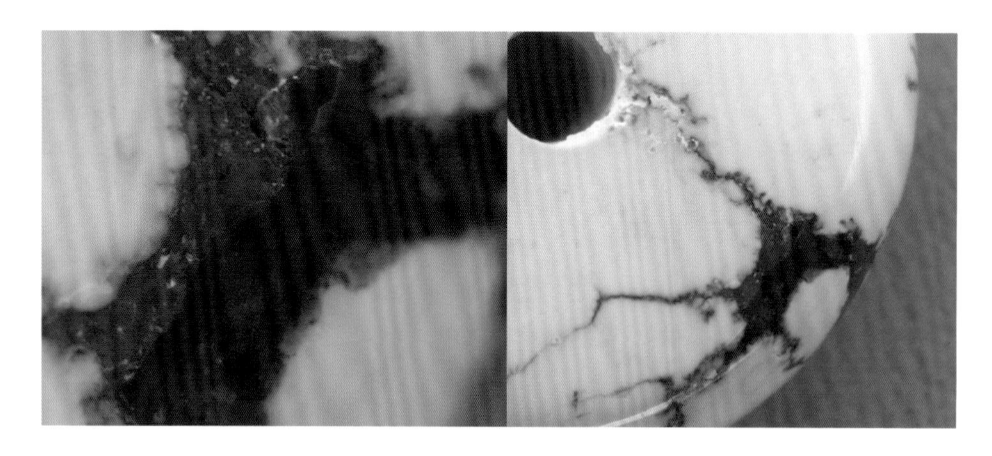

湖北竹山菜籽黄绿松石，铁线是人工造假的。

这两串非常漂亮的绿松石手串，整体色泽柔和，搭配自然，没有注胶，铁线一眼看去似乎也没有什么问题。放大检查，发现部分颗粒铁线处光泽较弱，胶感明显，红外光谱检测证实这些“铁线”其实为人工补上去的。

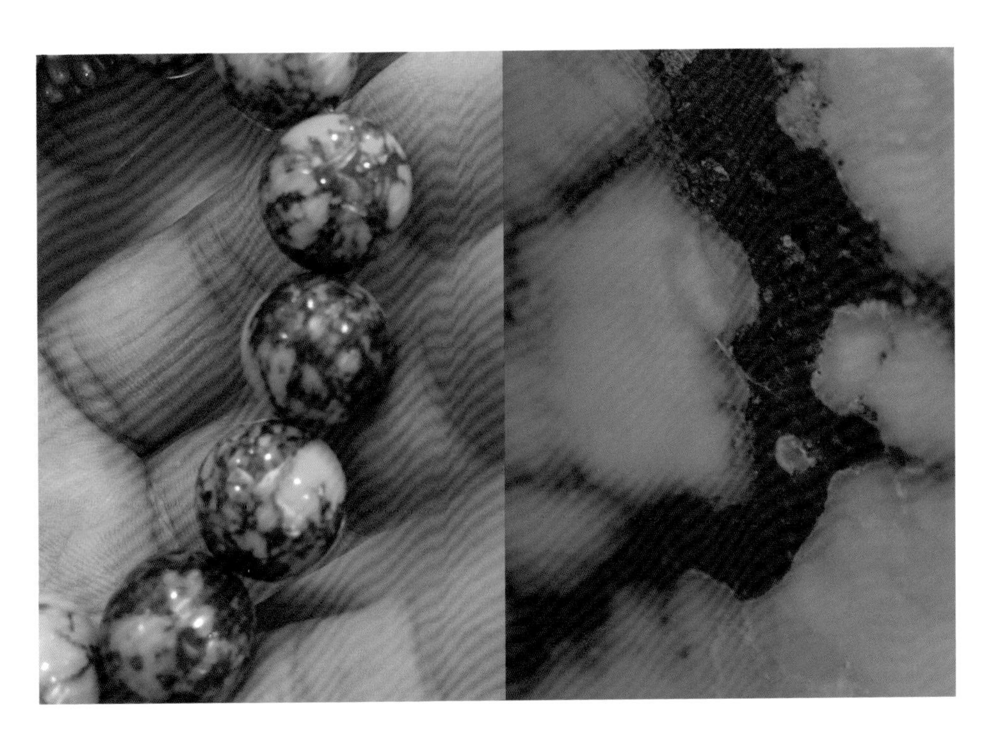

美国比斯比矿绿松石

巧克力色的铁线是其典型特征。

人工造假的巧克力色铁线

五、颜色处理之染色处理

将绿松石浸于无机或有机染料中，将浅色或近白色的绿松石染成所需的颜色，我们称之为染色处理。

单纯的染色处理，颜色的稳定性不高，很容易变色。因此，这种处理技术基本不为人们所用。而市场上出现更多的是复合型的处理方式。

对于一些颜色过浅的绿松石原料，如果光注胶，可能颜色改善的效果不会太明显。这时，把胶里加入染料，调配成有色胶，注入绿松石内，可以同时达到改善孔隙度和颜色的目的。

而注入有色胶，染色效果明显优于单纯染色，而且颜色的稳定性大大提高。实际检测中也无数次证实，染色处理绿松石，几乎同时还采用了注胶处理的手段。

这串绿松石饰品部分经过染色处理（没有注胶），与未染色绿松石混在一起，欺骗性很大，必须一粒一粒按流程仔细检测才能发现问题。

这件绿松石手串中，大概三分之二的颗粒经过了染色、注胶的处理。

六、最神秘的处理方式——扎克里（Zachery）法处理

扎克里法处理是由名为 Zachery 的科学家研制出并因此而得名的处理方式，投入使用至今已三十多年。当年，这种方法的研制耗资近 150 万美元，并且申请了个人专利，因此关于其工艺方法方面的信息极少。据 Zachery 本人声称处理过程是通过严格的科学手段，尝试复制著名的金曼高档绿松石在沉积岩钾长石矿床的环境演变，可以改善几乎所有样品的微晶结构，没有使用任何的有机或无机染料种类，没有添加金属离子铜或铁，未注入任何天然或合成的塑料、蜡、油或清漆。通过对扎克里法处理绿松石和天然绿松石对比性研究结果也支持上述观点。

研究显示，扎克里法处理绿松石主要有以下三种方法：

1. 改善孔隙度的整体处理。

2. 改善颜色的表面处理。

3. 同时改善孔隙度和颜色的整体加表面处理。

一般来说，扎克里处理法主要针对的是中等品质以上的绿松石，这样处理出来的效果能够达到最佳。对于低品质的绿松石而言，虽然外观也可以得到一些改善，但效果并不是很好。

经过扎克里法处理的绿松石颜色变得更深，白垩状外表消失，易加工、抛光性能好，异常高的光泽胜于优质未处理的绿松石，降低了吸附污染物的能力，在太阳模拟器下暴晒 164 小时不褪色，稳定性极好。最初处理过的绿松石样品至今已经三十多年了，光泽和颜色没有发生任何变化。

从处理后的效果来看，扎克里法处理后绿松石的孔隙度应该得到了改善。进一步的研究也证明，扎克里法处理后绿松石的表

面孔隙内发现了重结晶现象，这些结晶体很好地改善了绿松石的微晶结构，使其孔隙度降低，在绿松石表面形成一个保护层，从而改善了绿松石的光泽和颜色。切开扎克里法处理的绿松石，我们可以很清楚地看见，表层有一层颜色渗透层，显示颜色较内层颜色更深。

我们发现，从天然绿松石的原料中，也会出现类似的保护层现象，但这种现象只会出现在高品质的绿松石原料中，绿松石成品因切磨及雕刻原因，不会出现这种现象。

在国内市场上，有企业对扎克里法处理技术进行研究、模仿、改良，并取得了成功。国内目前对这种新技术称为“电解法”，将该种方法处理的绿松石称之为“电解绿松石”，估计这也是为了区别扎克里法处理技术。即将修订的新版国家标准将此类处理方法描述为“电化学法”。

绿松石项链，经检测，均经过扎克里法处理。

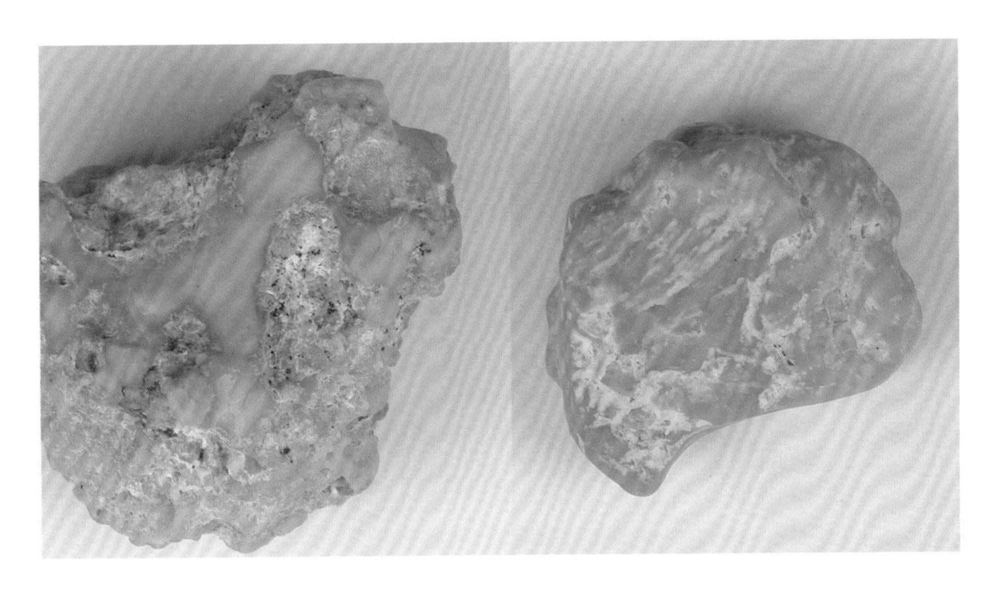

两块绿松石原料，经检测，均经过扎克里法处理。

经过扎克里方法处理的绿松石样品主要来自中国、美国、墨西哥、伊朗等国家。因为处理的深度较浅，所以处理的大多数样品都要加工成半成品后才进行处理，最后才进行打磨抛光。

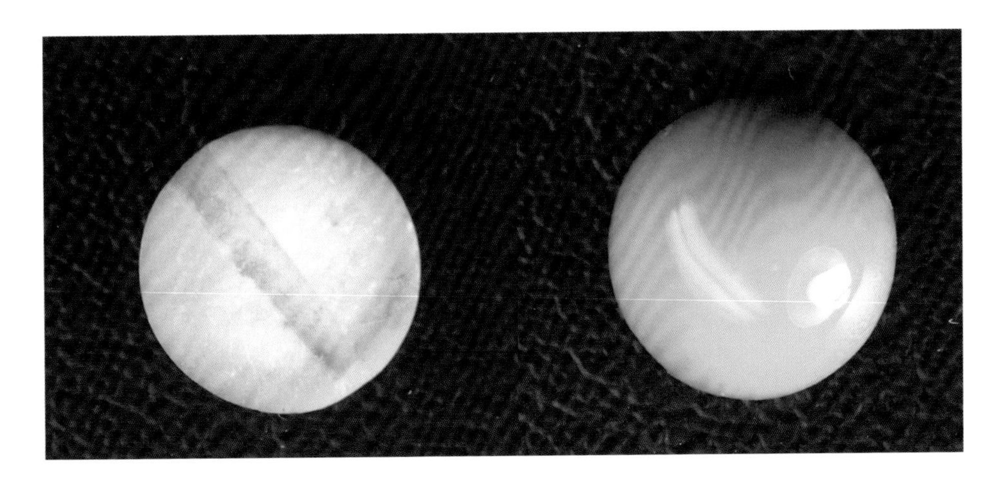

扎克里法处理后的绿松石珠子，切开后发现表层有一层颜色层，表面的颜色较内部的颜色深。

天然绿松石和扎克里法处理绿松石的扫描电子显微镜图

左图是天然绿松石的表面，显示清晰的孔隙度。右图是扎克里处理绿松石，表面有重结晶，有效改善了绿松石的孔隙度，使样品呈隐晶质，很难看清结构。(孙丽华等)

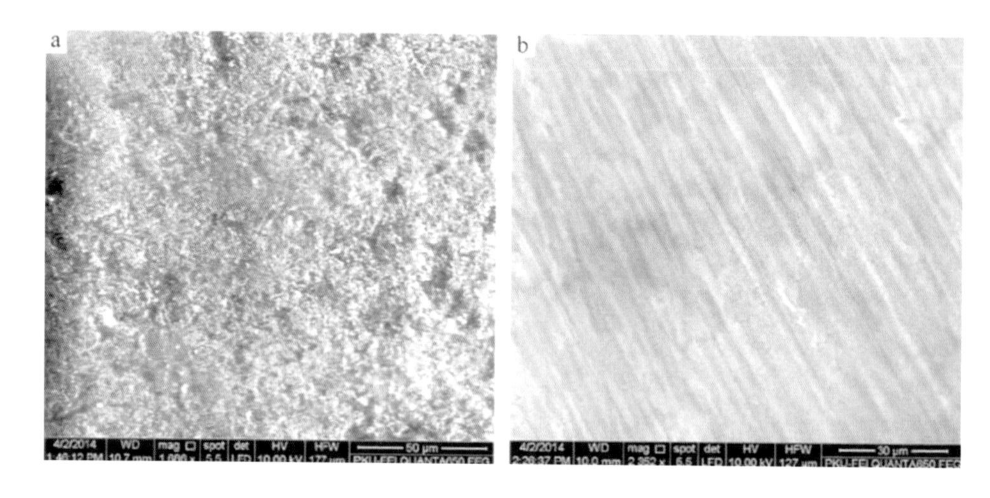

国内某公司利用电化学法处理的“电解绿松石”

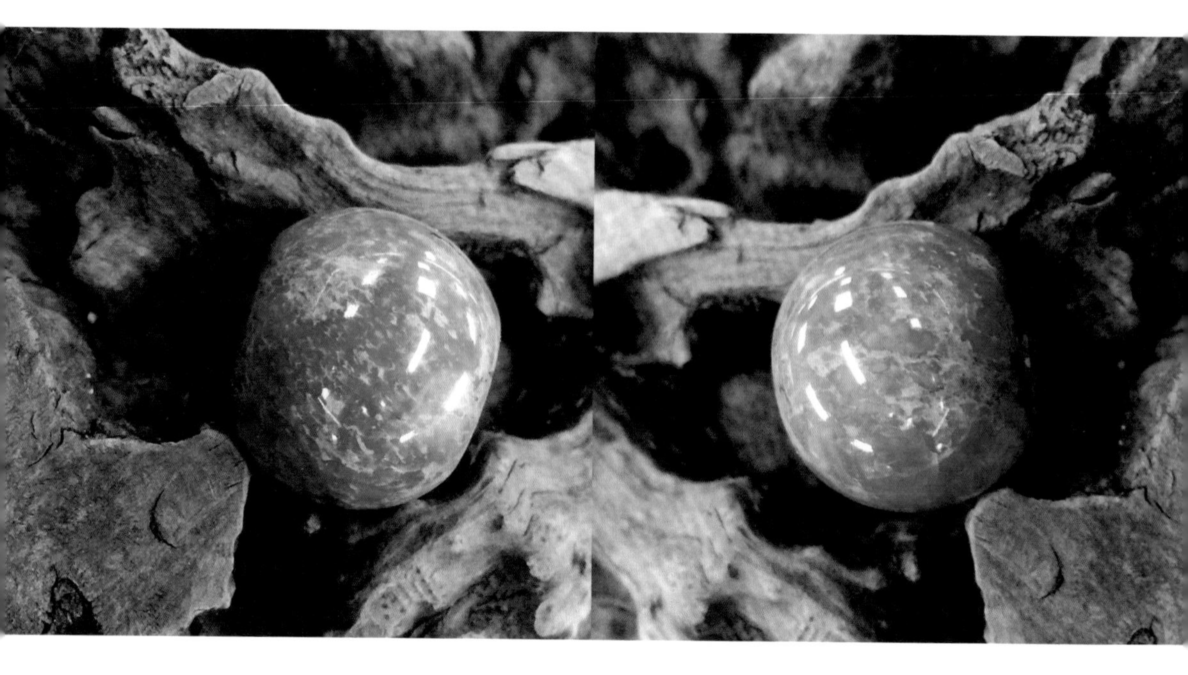

七、最传统的处理方式之过蜡

过蜡又可称为浸蜡、注蜡。是指将虫蜡、川蜡高温熔化，将绿松石放入浸泡。这样可以在绿松石表面形成一道保护层，封住细微的孔隙，提高绿松石表面光泽，同时可以加深绿松石的颜色。

过蜡是一种传统的加工工艺，因其稳定性不好，并没有对绿松石的质地起到固结作用。处理后的绿松石长时间放置后，因蜡的析出、老化会褪色，尤其是经太阳暴晒或受热后褪色更快。

过蜡在国家标准里是被认可的，属于优化，可不作为处理方式在销售过程中明示。

绿松石加工后处理用的蜡

优化处理绿松石的鉴别

一、注胶、浸胶绿松石的鉴别

注胶处理可以说是目前最成功也是最常用的处理绿松石的方法。该处理方法得以提高绿松石的稳定性及成品率，同时，减少了表面光的散射，使绿松石显示中等或饱和度更高的蓝色调，从而改善了外观。胶的老化年限和胶的质量是成正比的。随着进口胶的使用，胶的老化年限从原来的 5 年左右，延长到了最长 30 年左右，处理后绿松石的颜色色泽更漂亮，饱和度更高，稳定性更好了。

注胶处理绿松石可以通过以下方法进行鉴别。

1. 折射率

注胶的绿松石折射率一般会低于 1.61，很难达到高品质绿松石的折射率，这和胶的低折射率有关。

2. 密度

注胶绿松石的密度较低，通常为 2.0～ 2.48g/cm^3。但是这种低密度与其漂亮的颜色是相互矛盾的。通常情况下，天然产出的高品质绿松石颜色艳丽的同时，质地也相对致密，即密度较高，不低于 2.60g/cm^3，应更接近绿松石密度的理论值 2.76g/cm^3。

3. 硬度

因胶的硬度不高，所以注胶的绿松石摩氏硬度较低，一般为 3～ 4。而具有相同外观的绿松石，其摩氏硬度应在 5~6 之间。因此注胶的绿松石用刀刻划，更易出现划痕。

4. 火烧试验

用火烧注胶处理的绿松石样品，因胶的熔化会产生一股辛辣的气味，而且表面会出现烧痕。这种检测手段属于大面积的破坏性检测，不值得推荐。很多文献中提出用热针法检测注胶绿松石，这虽然是破坏性检测，但破坏的面积很小，可以忽略不计。但笔者用此方法检测效果并不好。可能是因为注胶处理后，胶仅仅充填了绿松石的孔隙，打磨抛光后，样品表面的主体依然是绿松石。以热针针尖那么小的面积，不足以达到理想中的效果。

这是一块声称是产自俄罗斯的绿松石原料，经检测，是注胶的绿松石。经客户允许，对该样品进行了火烧实验，辛辣气味明显，并留下黑色的烧灼痕迹（图 1）。该样品内部呈现网格状的结构（图 2），这是天然绿松石没有见到的现象。在局部凹坑和原料表面，都见到了胶的残余（图 3、图 4）。

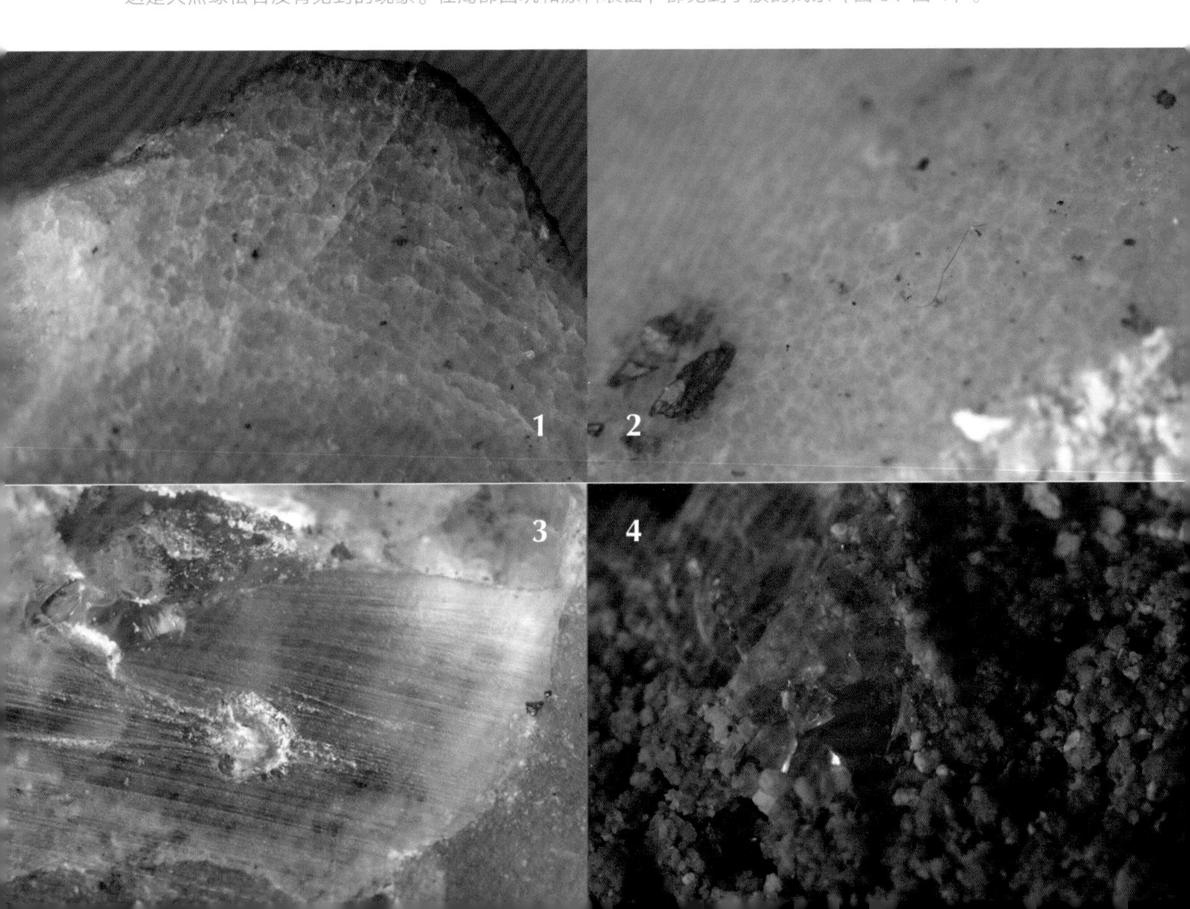

5. 颜色

目前，市场上有很多注胶处理的绿松石戒面、珠串等饰品，颜色高度均匀，外观和美国睡美人绿松石极像。注胶后的绿松石颜色饱和度提高，但相对同等品质的天然绿松石颜色较呆板，略显偏暗。不过，这种区别极其细微，若非经验非常丰富，是很难辨别出来的。而且，随着处理技术的不断提高，一些注胶处理绿松石的颜色越来越接近天然原矿绿松石的颜色，令人难以区分。

左图是经过注胶处理的绿松石，颜色略微偏暗。右图是天然美国睡美人绿松石，二者外观极其相似，难以区分。

注胶处理的绿松石

天然美国睡美人绿松石

处理过的绿松石雕件还会出现颜色不均匀的现象。如果绿松石的原料质地不均匀、本身颜色不均匀或局部有裂隙、凹坑等缺陷，会导致胶渗入不均匀，处理后颜色色调存在差异，颜色深浅不一，很有可能出现绿松石颜色不均匀的现象。尤其是浸胶处理绿松石，胶是常温常压下自然渗入，渗入深浅不一、颜色不均匀是非常常见的。

湖北绿松石

颜色分布明显不均，鉴定过程中遇见这种现象尤其要引起注意。对不同颜色的部位进行检测，深色部分有胶的成分，颜色浅的地方则没有检测出任何充填物。

6. 光泽

注胶处理后绿松石的光泽多呈树脂光泽，有些呈蜡状光泽，只有少数工艺好的能达到亚玻璃光泽。但总体感觉较为暗淡，不自然。

注胶处理绿松石
与同质量天然绿松石相比，光泽、颜色均略微偏暗，稍显死板，不自然。

7. 浸水试验

将绿松石样品放入纯净水中，需要注意的是，不要将绿松石全部浸入水中，要留一半在水面之上。一段时间之后，取出绿松石，看看是否有水线。如果绿松石出现水线，说明是天然原矿绿松石。对于瓷性较好的绿松石，由于密度较高，孔隙度小，水的渗入较慢，浸泡时间需要更长一些。对于高瓷高蓝的绿松石而言，

天然美国睡美人绿松石原矿，浸水几分钟后，水线非常清晰。样品由北京靓工坊提供。

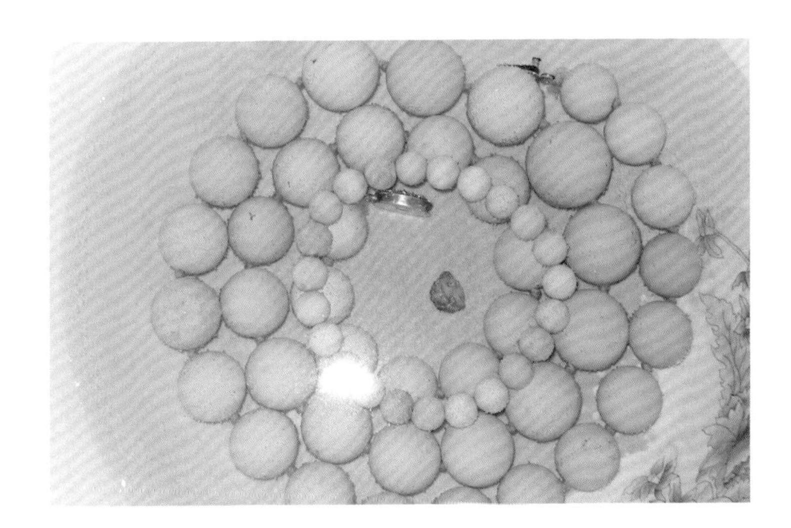

原矿绿松石放入水中后，表面布满气泡。但对于高品质绿松石而言，是很难观察到这种现象的。照片由绿松石缘（北京）珠宝有限公司提供。

要浸泡出水线则是非常困难的。

对于天然原矿绿松石而言，当浸入水中时，表面会出现大量均匀密集的气泡，这是水和孔隙中空气相互置换的结果。气泡越大，说明绿松石的孔隙度越大；气泡越小，说明绿松石的孔隙度越小。对于高品质的绿松石来说，很难观察到气泡。

8. 手握舌舔

用手握住绿松石（此时手不能太干，保持一定的湿润），如果是天然原矿绿松石，则会有黏手的感觉。当然，该方法仅对孔隙度相对大的绿松石管用，品质好、密度大的绿松石，这种感觉就会弱很多，甚至没有黏手的感觉。

同理，用舌尖舔绿松石，如果有一种舌头被吸住的感觉，绿松石必然是天然原矿的。

极少数的情况下，也会出现意外。曾经检测过一件绿松石样品，颜色浅，致密度较差，舌舔有吸舌的感觉。但经过红外光谱检测，该样品为充填（注胶）处理。

9. 放大检查

(1) 观察绿松石的表面结构，注胶处理的绿松石和天然绿松石的结构是有差异的。

目前，市面上和睡美人绿松石极像的注胶绿松石，结构和天

两串绿松石手链及它们的显微照片

从显微照片可以看出，绿松石质地差，硬度低，表面粗糙，可见明显划痕，用刀轻划掉粉，具典型的白垩状外观。手握舌舔，明显黏手吸舌。

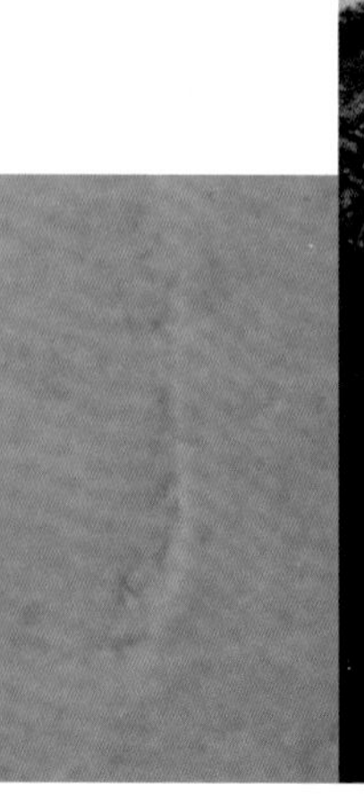

注胶绿松石

这条手串经检测为注胶的绿松石，但依然有一定的吸附能力，舌舔有吸舌的感觉，这是从来没有遇到过的现象。稍微值得怀疑的是，舌头的吸附感觉似乎没有预料的那么强。不用担心的是，这种现象极少遇到，手握舌舔的方法对于品质较差的绿松石而言还是管用的。

然睡美人绿松石有很大区别。注胶处理的绿松石，表面孔隙被胶充填，透明度明显强于天然睡美人绿松石，很难看清它的结构，给人一种失真的感觉。而睡美人绿松石内部可以观察到密集分布的白色点状矿物颗粒。

有些产地的绿松石（以湖北绿松石为例），注胶后表面有时会有很多白色的斑点，这也是判断是否注胶的要点之一，行业称“飘白花”。这些白花大小不一、边界不清，周边结构观察不到，白花似乎浮在表面，稍显不自然。天然绿松石有的因白垩状外表，很难观察到结构特征，白花也就无从谈起；有的能观察到白色的团块状矿物包体，包体边界清晰，周边结构可见，没有“飘”的感觉。

显微镜下均匀细密的天然睡美人绿松石结构（25X）

这是典型的睡美人绿松石的结构特征。并不是所有产地的绿松石都有这么典型、清晰的结构特征。目前，市场上出现大量注胶的绿松石戒面、珠串等饰品，颜色、光泽等外观和睡美人绿松石极像。但是注胶绿松石无法观察到结构特征，透明度明显增强，颜色略暗，这些都能与天然睡美人绿松石区别。

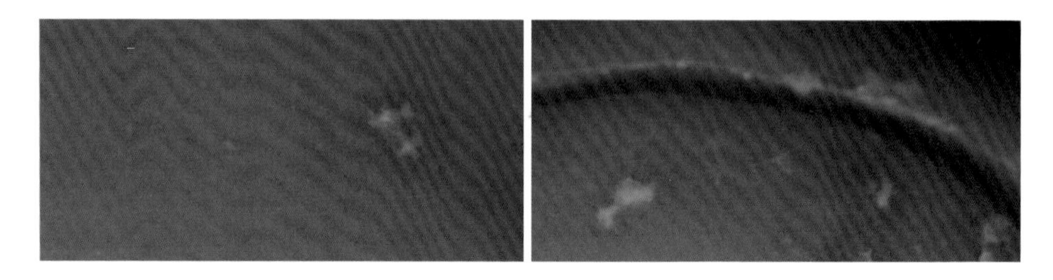

显微镜下湖北绿松石的结构（25X）

内部的白色团块状包体边界清晰，不同于注胶绿松石的"飘白花"。其实很多绿松石是不容易观察到这种结构的，这或多或少是和绿松石的透明度有关的。绝大部分绿松石不透明，以至于很难观察到它的结构特征，但并不代表没有结构，因此，天然绿松石在显微镜下看到的结构和注胶的绿松石是不一样的。

充填处理绿松石的"飘白花"现象

白花整体边界模糊，周边结构不可见，给人一种朦胧的、飘浮的感觉。

（2）观察绿松石的裂隙和铁线。由于裂隙和铁线是绿松石最薄弱的部位，胶最容易从这两处渗入。如果观察到裂隙和铁线处颜色变深，并且向周围扩散，则极有可能经过注胶（或浸胶）处理。

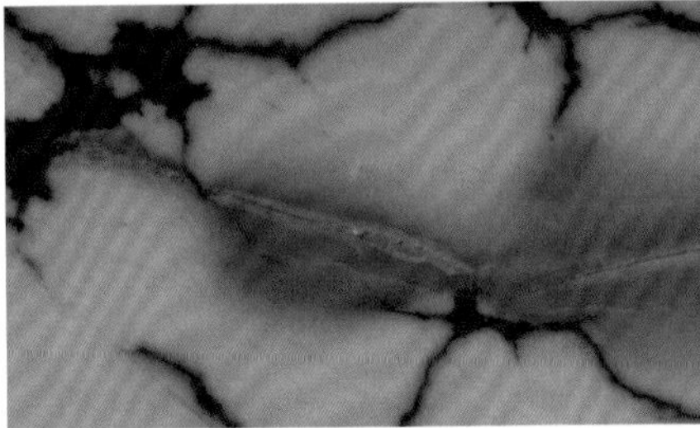

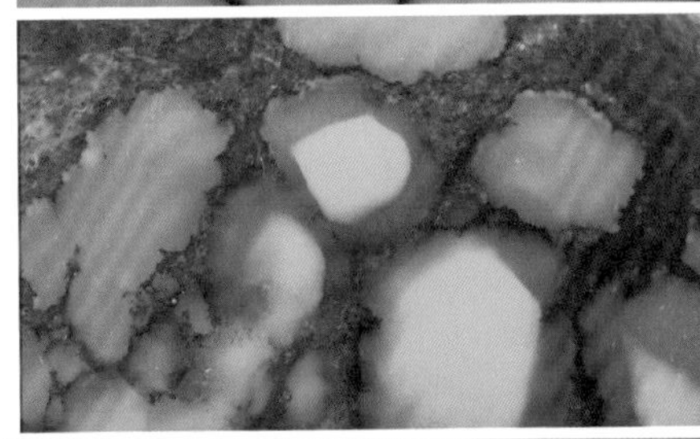

充填（注胶、浸胶）处理绿松石

胶首先渗透的是绿松石最薄弱的部分，如铁线、裂隙和结构松散的部位，所以经常可以看到铁线、裂隙附近的颜色较周边的颜色深。虽然这些现象对鉴定绿松石是否经过充填处理有一定帮助，但却不是绝对的。有时浸蜡之后也会出现类似现象，这时要利用红外光谱等大型仪器对其进行综合判断。

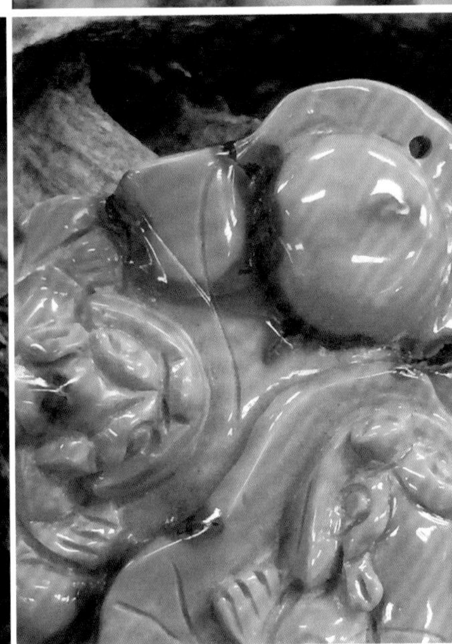

（3）寻找胶的残余。对于绿松石原料而言，如果经过注胶处理，一定会在原石表面留下胶的残余。放大检查结合红外光谱测试，这些现象将会一览无余。有时成品也会发现胶的残余。

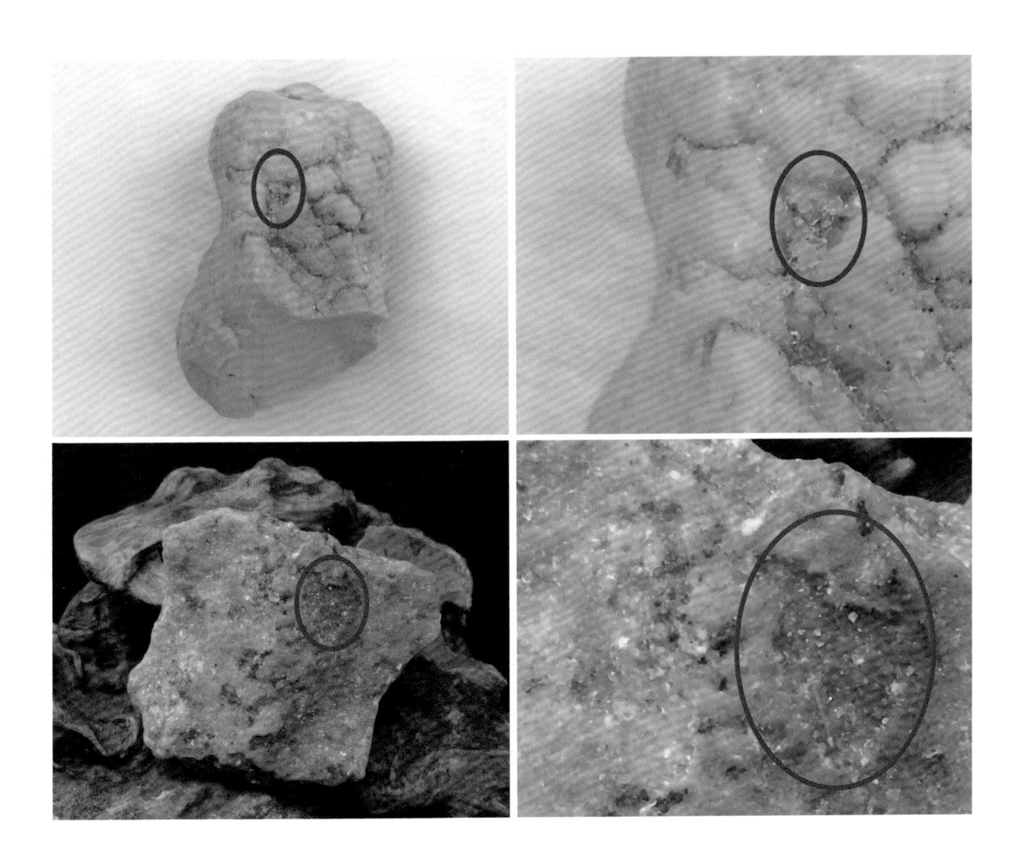

各种注胶的绿松石原石，凹坑处常常可以看到胶的残余。

有机硅充填绿松石原料，表面可见充填物残余。

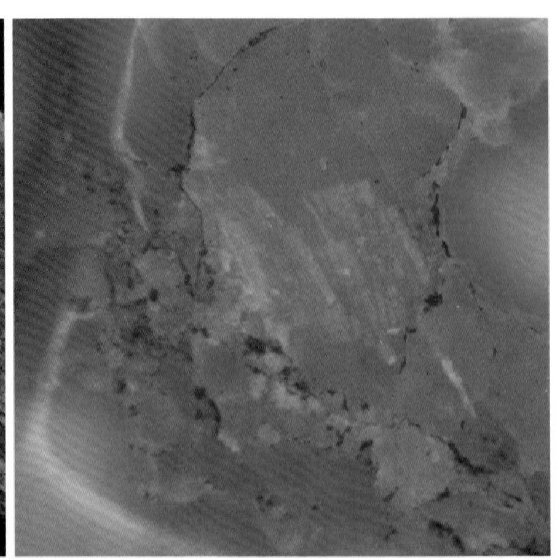

有机硅充填绿松石桶珠，表面可见充填物残余，用刀刻划有胶感。

10. 红外光谱测试

红外光谱测试是目前最科学、最准确的测试方法。在红外光谱的检查中，高分子化合物的对应谱线是很容易得到体现的。无论是含环氧树脂类黏合剂，还是聚丙烯酸酯等酯类聚合物，在红外光谱中都可以一目了然。最新发现的有机硅充填绿松石，也完全可以通过红外光谱进行检测。

但是，红外光谱并不能做到绝对的无损检测，只有部分样品可以在不破坏的情况下得出结论，另一部分样品则需要刮取少量的粉末。例如样品颜色深浅不一，就必须对不同颜色的部位逐一检测，为了精确，定点刮取粉末必不可少。再如放大检查时发现样品疑似局部充填（补胶或铁线造假），从疑似部位取少量粉末进行检测是最准确的了。

二、局部补胶绿松石的鉴别

局部补胶的绿松石很难用仪器检测出来，只能通过显微镜放大观察发现问题。此时，要注意观察表面裂隙和凹坑处是否与周围存在光泽的差异。如果有光泽差异，可以用针尖刻划，天然的矿物包体（如石英、长石等）是无法刻动的；如果可以刻划动，补胶的可能性非常大。有时，补胶的地方还可以观察到气泡，而天然的矿物是不可能出现气泡的。

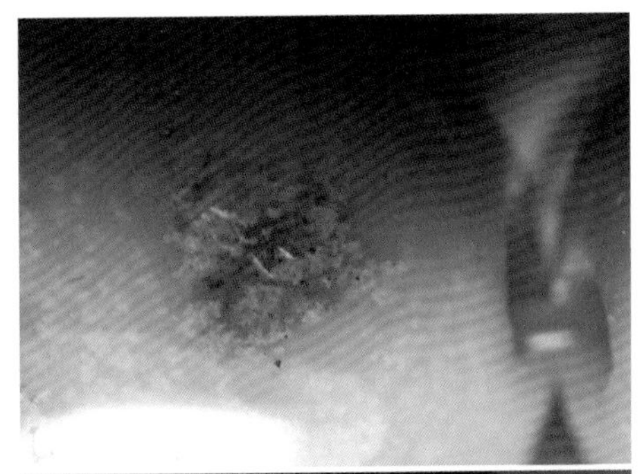

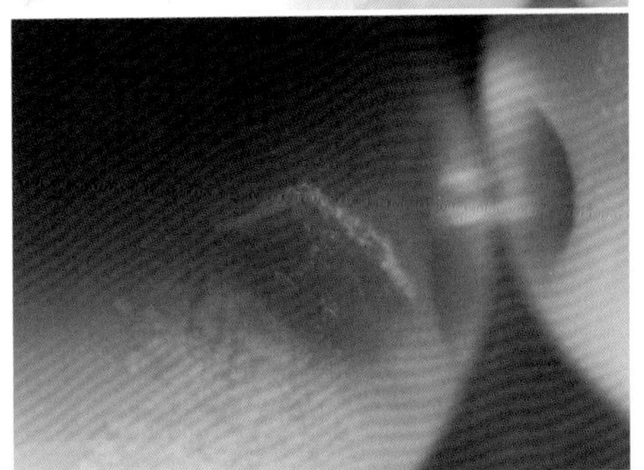

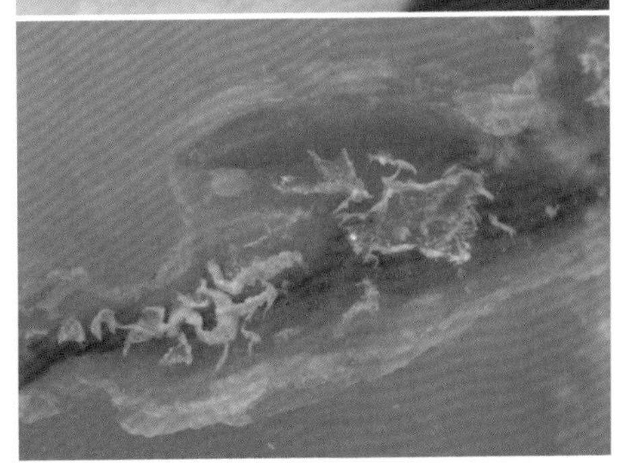

局部凹坑、裂隙充填的绿松石

胶的光泽和绿松石存在差异，用针尖刻划，即可做出判断。

条件允许时，可以从补胶处刮取一点粉末，利用红外光谱分析是否为高分子聚合物，这样判断的结论是最准确的。

三、铁线造假绿松石的鉴别

铁线造假也要通过放大观察来发现问题。首先，原矿的绿松石，铁线的走向和粗细完全没有规律，铁线分布自然流畅。而人工做的铁线，在粗细和铁线的末端延伸上都很生硬、不自然。其次，注意观察铁线的光泽，天然的铁线光泽为土状光泽或亚金属光泽，内部有时会有石英、褐铁矿、黄铁矿等伴生矿物。而造假的铁线常常呈树脂状光泽，调成黑色的胶中，常常可见矿物颗粒，偶尔可以看到气泡。最后，重点观察铁线突然变粗的位置，这些地方往往存在造假的可能性。

条件允许时，可以从疑似造假的铁线处刮取一点粉末，利用红外光谱分析是否含高分子聚合物，以此可以做出准确判断。

天然绿松石的铁线，花纹自然流畅。

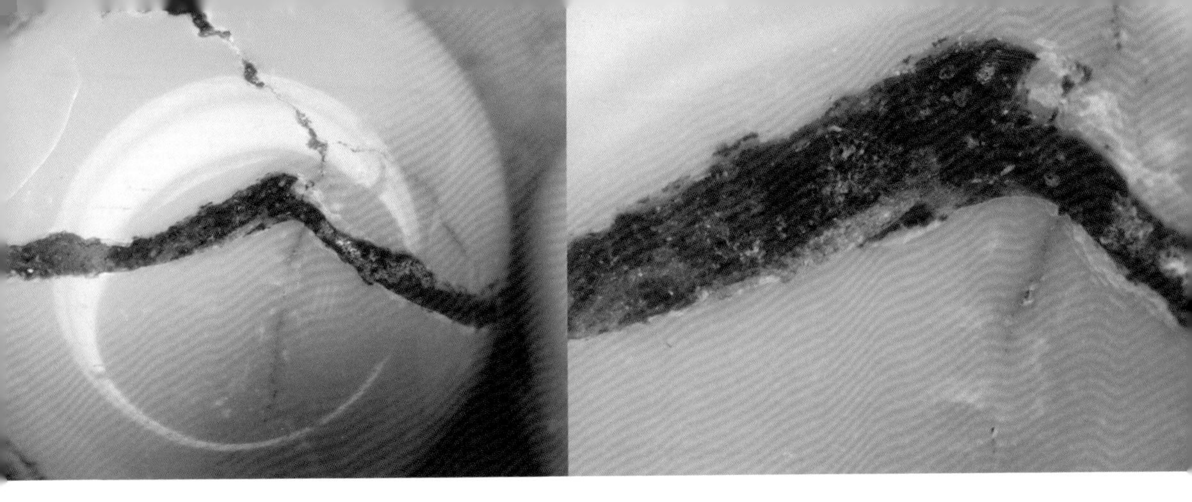

此处铁线造型生硬，非常不自然，为假铁线。

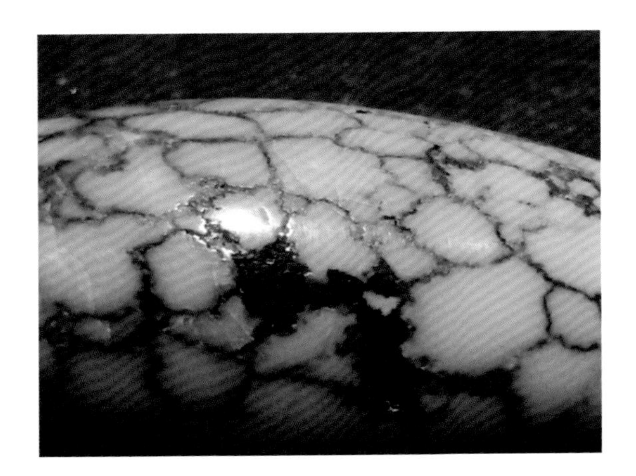

铁线突然变粗的位置往往存在造假的可能。

这部分人工造假的铁线颗粒感特别强，

局部因为胶的老化而出现了脱落。这些显然不是天然绿松石铁线的特征。

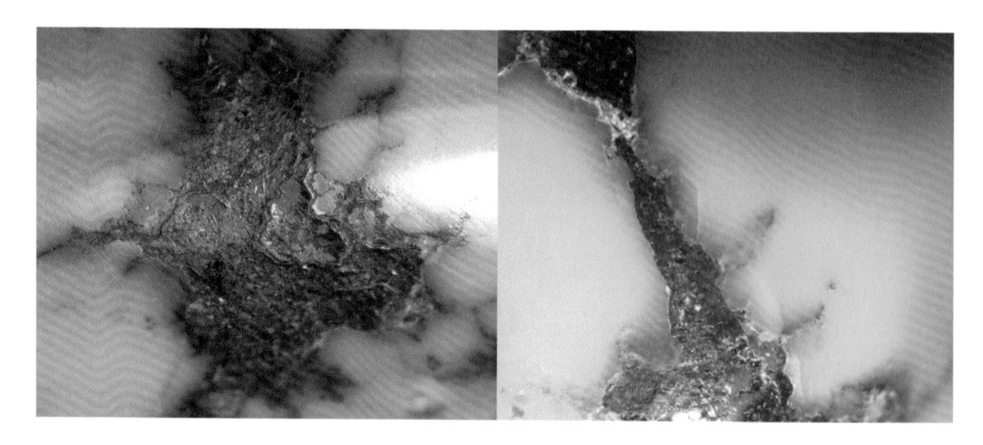

铁线造假的地方，光泽弱，不自然。

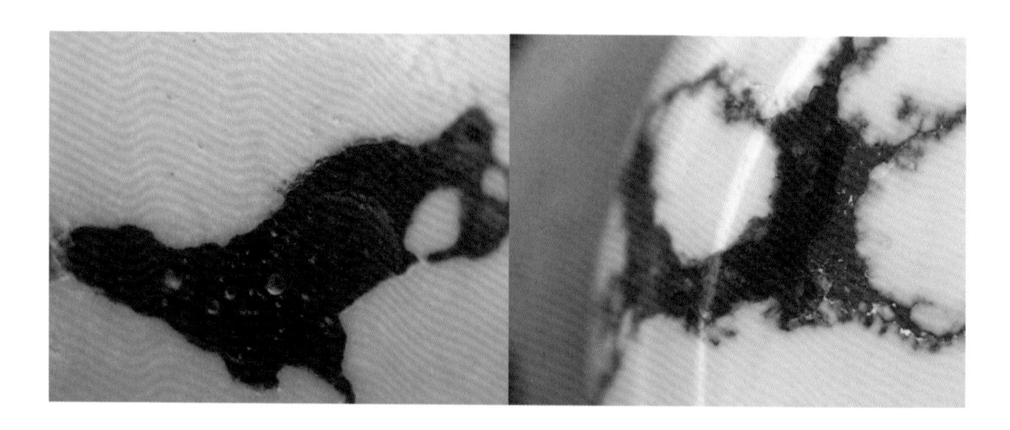

两件竹山菜籽黄，铁线均造假。明显可以看到气泡（左），
有时铁线甚至是透明的（右）。

四、染色绿松石的鉴别

染色绿松石的检测主要是通过放大检查、丙酮擦拭法、紫外可见分光光度计等方法来检测。

一般情况下，绿松石的染色处理是伴随着注胶处理一起完成的。

早期的处理方式是分两步，先进行染色处理，然后再注胶将颜色封住。由于染色是在常温常压下进行，颜色的渗入不深，而且不均匀。

该方法处理的绿松石的缺点是鉴定特征较为突出，比较容易识别。放大检测观察，绿松石表面的凹坑和裂隙中，常常可以发现染料的沉淀、富集现象。由于表面封了胶，丙酮擦拭法不太适合对这种样品的检测。紫外可见分光光度计测试则是一个不错的选择，染色绿松石在677nm处有吸收带，天然绿松石则没有。

现在最新的处理方法则是将染色、注胶同步进行。注胶前，将染料加入胶中，将胶调成绿松石将要染成的颜色。然后按照注胶的程序，将有色胶通过高压注入到绿松石中，从而在改善孔隙度的同时，还改善了颜色。该种方法处理的绿松石，颜色均匀，几乎无染料富集现象，通过放大检查很难发现染色迹象，丙酮擦拭法同样没有效果。但是，通过紫外可见分光光度计还是可以很容易发现染色处理的绿松石的。

如果看到绿松石的颜色呈丝状或点状分布，基本可以确定是染色绿松石了。

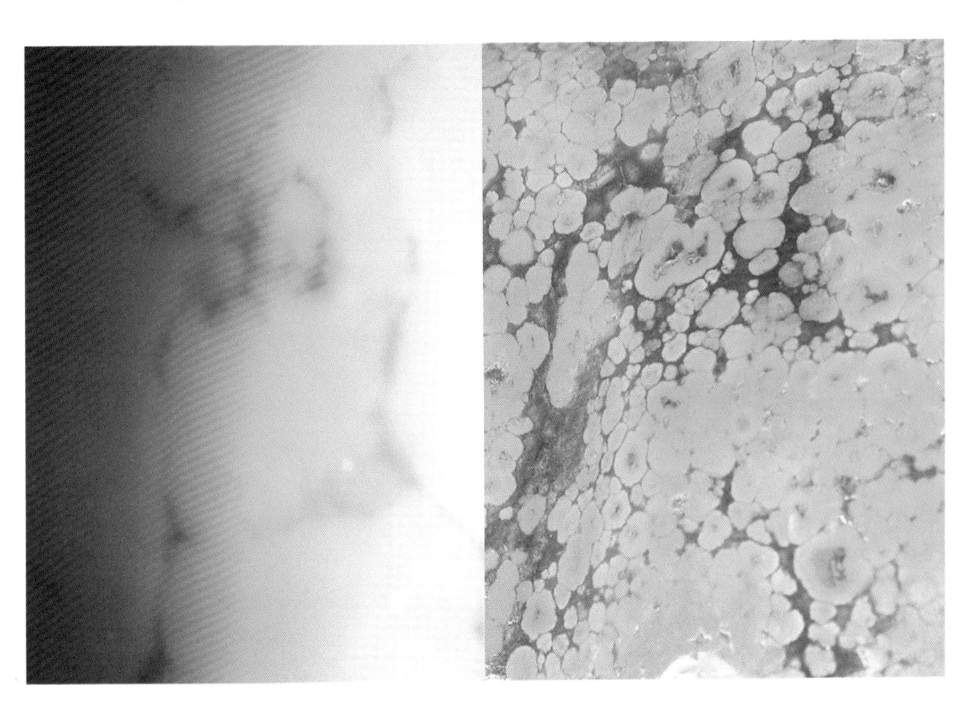

极少有绿松石仅仅经过单纯的染色处理，但在实际检测中的确发现过。该样品表面具有明显的颜色富集现象，由此可以很轻松地判断其经过染色处理。丙酮擦拭法在此可以大显身手。将棉签蘸上丙酮，擦拭绿松石样品的表面，如果棉签上有染料附着，则是染色处理的证据。当然，紫外可见分光光度计在此依然可以派上用场。

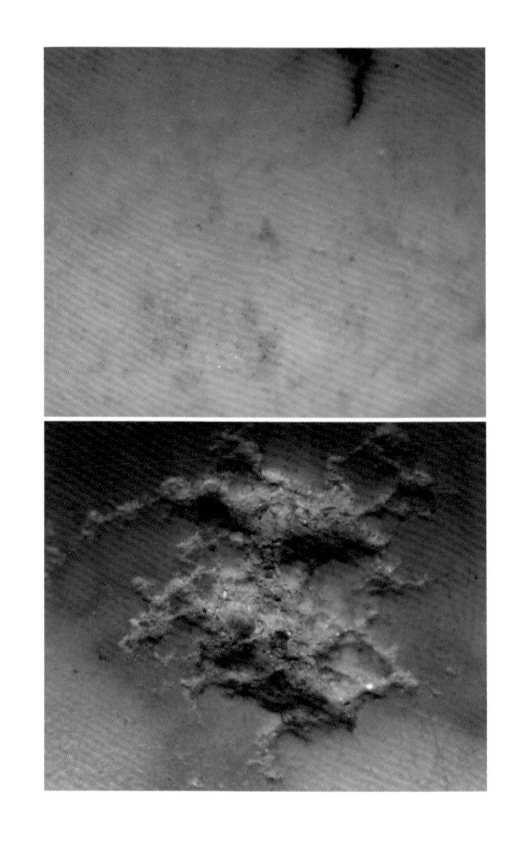

染色绿松石（无注胶）表面颜色不均匀，染料呈团块状、斑点状分布，凹坑处颜色明显富集。

五、扎克里（Zachery）法处理绿松石的鉴别

前文说过，扎克里法处理绿松石是一项非常保密的技术，十多年来，全世界的珠宝科研机构多方研究，均试图寻求该处理方法的检测手段。

研究发现，常规的实验室检测手段并不适用于扎克里法处理绿松石。但可以通过以下鉴定特征，对该方法处理绿松石进行检测。

1. 颜色和光泽的变化

早期扎克里法处理的绿松石比天然的颜色更暗、饱和度更高，它们的颜色外观有一点不自然，可以作为鉴定特征。但这个差别非常小，而且需要有经验的人去判断。近期发现扎克里法处理的绿松石颜色与天然绿松石的颜色更为接

近，单凭颜色判断已经不那么准确了。

扎克里法处理绿松石的光泽强，比人们所期待的高品质天然绿松石似乎还要好一些。扎克里法处理绿松石的珠串，颗粒间光泽、颜色高度一致。天然绿松石珠串则几乎不可能出现这种现象。

扎克里（Zachery）法处理绿松石颗粒间光泽、颜色高度一致。

2. 原始裂隙的变化

处理后的样品有一个差异性特征，就是裂隙中可见颜色富集，颜色富集不只局限在裂隙中，还浸染至绿松石裂隙两侧。但这个特征也只在部分样品中可见，且这些样品必须有原始裂隙。处理过程的后期或处理后产生的裂隙，则不会出现此状况。

这个现象和染色处理绿松石的特征还是存在一定差异的。因为在被染色的绿松石中，颜色富集只局限在裂隙之中。

这种颜色富集的现象虽然是扎克里法处理绿松石的一个比较典型的现象，但并不能作为判定的证据，只能作为参考依据。经过注胶、浸胶、注蜡的绿松

扎克里（Zachery）法处理绿松石，裂隙中有颜色富集

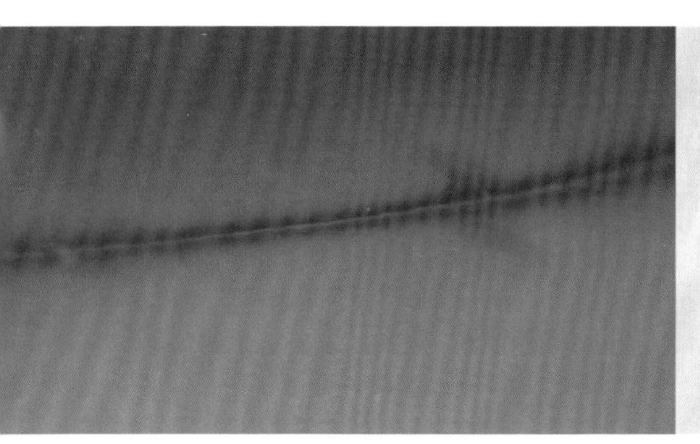

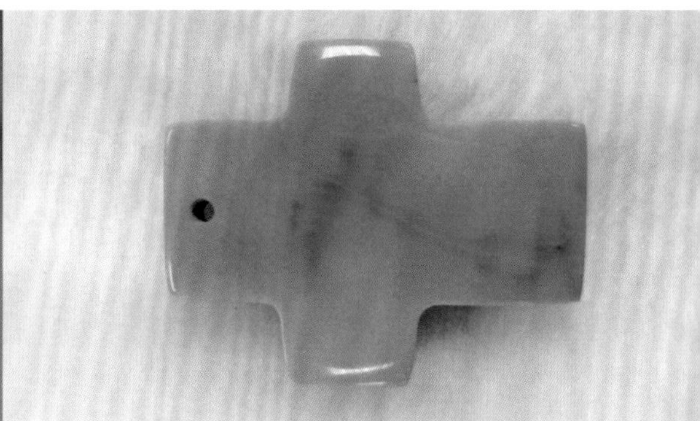

石，如果有原始裂隙，有的裂隙中也会出现颜色富集的现象。这个现象和扎克里法处理绿松石非常像，因此，不能轻易下结论，还得多方面观察。例如注胶、浸胶、注蜡的绿松石，光泽肯定比扎克里法处理绿松石的光泽弱或者可以从裂隙中取一点粉末分析成分中有没有高分子聚合物。

有时，绿松石在镶嵌的过程中，如果处理不当，也会产生类似的裂隙。

不过不管哪种颜色富集都是不自然的，天然绿松石中没发现过。一旦发现裂隙中颜色富集，绿松石是天然原矿的可能性就很小了。

镶嵌时产生的裂隙，和扎克里法处理绿松石的原始裂隙颜色富集的现象极为相似。

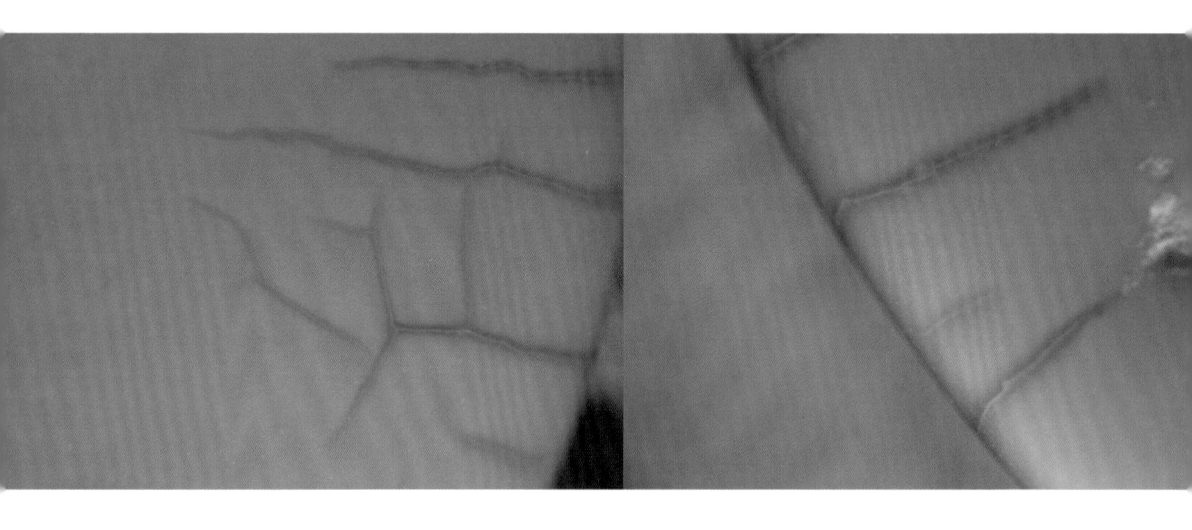

3. 结构观察

研究发现，扎克里法处理绿松石表面发生重结晶，由此改善了绿松石的孔隙度。处理后的绿松石表层呈隐晶质，透明度提高，大部分样品结构难以观察，有时可见“飘白花”现象（这点和注胶绿松石比较像）。

与之颜色较为相似的天然睡美人绿松石则可看到密集的白色点状矿物颗粒，且颗粒边界较为清晰。

4. 微量元素测试

测试样品的微量元素，在绝大多数情况下，经过扎克里法处理的绿松石，钾的含量显著大于未经处理的绿松石。研究表明，凡是钾含量高的样品的确经过扎克里法处理。

所有的研究证实，扎克里法显著改善了绿松石的孔隙度，原有的绿松石孔隙被重结晶的物质完全或部分充填，在绿松石表面形成了一层保护层。正是这一层保护层，令绿松石的颜色和抛光质量得到明显改善。而钾则是这一处理方法过程中介入绿松石的副产品。

5. 草酸测试

将少许草酸溶液施于样品上，经过扎克里法处理的绿松石会在表面形成“白皮”。但是这是一种有损的检测方法，非必要情况下不建议使用。

将扎克里法处理的样品一切为二，将测试部分（均为右侧）浸泡在 20% 浓度的草酸溶液中 4 小时，取出后风干，颜色明显较测试前（均为左侧）变浅、发白。图片来源于 GEMS & GEMOLOGY，SPRING 1999。

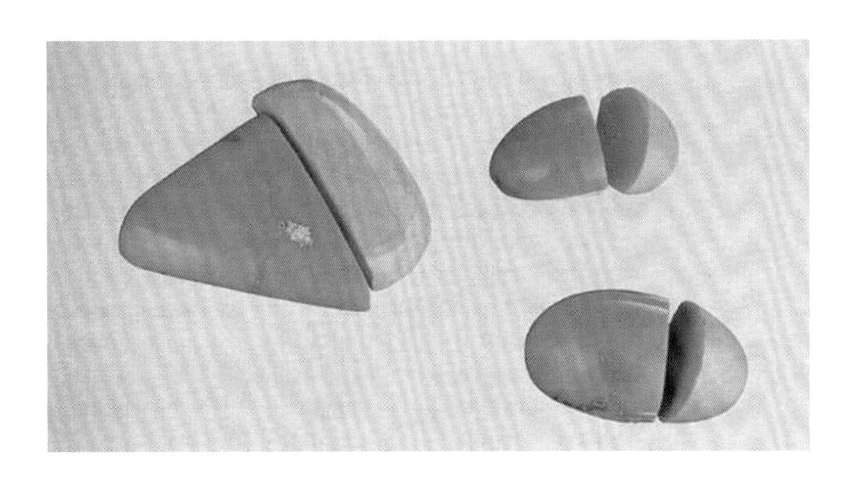

“土库曼斯坦绿松石”戒面

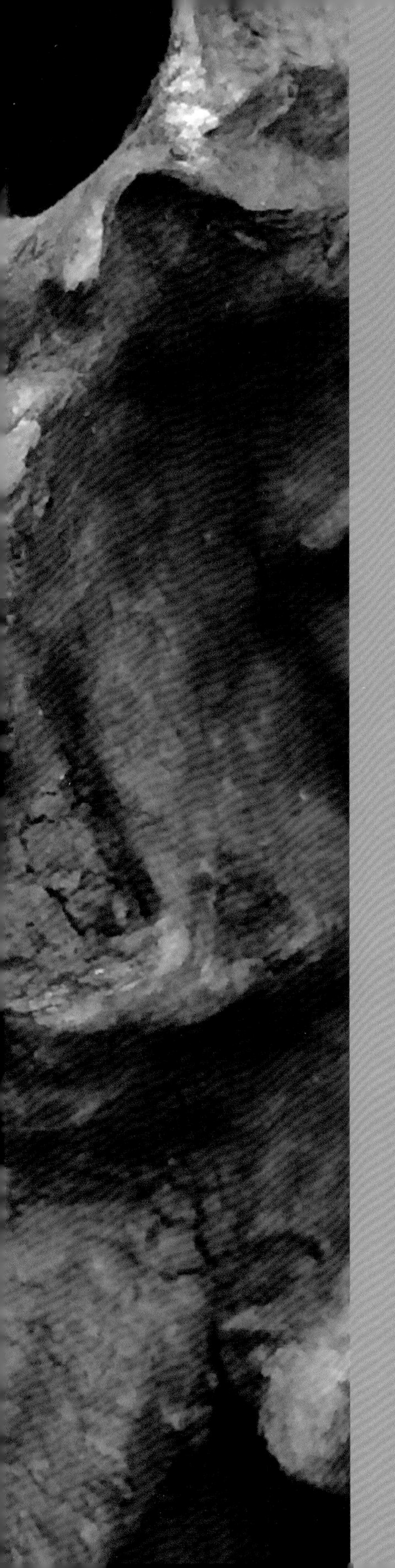

Chapter 5

再造绿松石的鉴别

一方面，绿松石新矿床的发现和开采远远低于市场的需求量，导致国内外珠宝市场上优质绿松石原矿的供需矛盾日趋尖锐，价格暴涨。另一方面，矿山不合理的开采和加工业的无序竞争，导致每年数十吨绿松石废料（非工艺级矿、尾矿、加工后的余渣粉料等）被抛弃。为了有助于这类不可再生的珍贵的宝石资源得以合理的综合利用，即缓解人们对天然绿松石的供需矛盾，又使其潜在的经济效益与社会效益得以充分开发并可持续发展，再造绿松石应运而生。

"土库曼斯坦绿松石"长链

再造绿松石的鉴别

再造绿松石是指将天然绿松石微粒(粉末)或碎料,在一定的温度和压力下胶结压制而成的绿松石整体。通常情况下,粉末压制而成的再造绿松石,粉末中要加入各种铜盐或者其他的蓝色染剂,使样品体现出蓝色。碎料压制的再造绿松石,部分原材料会经过染色处理。

微粒（粉末）压制再造绿松石的鉴别

微粒（粉末）压制的再造绿松石从矿物组成和检测数据上看，比石粉压制的仿绿松石更为接近天然绿松石，也更具有迷惑性，很容易将它与天然绿松石混淆。

那么，怎么区分微粒（粉末）压制再造绿松石与天然绿松石呢？

首先，我们要明确的是，微粒压制再造绿松石是使用天然绿松石粉末为原材料而做成的。

其次，天然绿松石粉末是无色的（白色粉末），如果要使其产生颜色，必须加入染料。而这些染料通常以粉末状的铜盐或其他蓝色染剂为主。

再次，粉末压制的再造绿松石一定是要用上高分子聚合物，也就是胶，如环氧树脂等。

因此，针对粉末压制的再造绿松石的检测，离不开寻找以上几个方面导致的一些特点。

1. 结构观察

再造绿松石具有典型的粒状结构，放大检查时，可以清晰地看到样品颗粒感明显、边界清晰，颗粒大小、颜色等不均匀，与天然绿松石的结构存在很大的差异。

有时可见样品局部具有流动构造（流动纹）。这是由于加入了环氧树脂等黏合剂，绿松石粉末在干结、压实之前，局部可能会存在粉末随胶流动的现象，因此产生了流动纹。这是天然绿松石不可能出现的现象。

粉末压制的再造绿松石具粒状结构，颗粒边界清晰，不自然，可见蓝色染料颗粒。

粉末压制的再造绿松石局部可见流动构造，染料颗粒也非常明显。

2. 颜色检测

（1）放大检查，样品基质中可以看见深蓝色的染料颗粒。

（2）部分再造绿松石因含有铜盐而呈现蓝色，铜盐能在盐酸中溶解。因此将一滴盐酸滴于样品表面，会使样品由蓝色变成淡绿蓝色，即使样品本身没有明显变化，用以擦拭的白色棉球上却会显出明显的蓝色。

（3）利用紫外可见分光光度计可以判断样品的颜色是经过染色的。

3. 密度测试

再造绿松石因含黏合剂的量不同，具有不同的密度。相对来说，其密度低于高品质的绿松石。具资料显示，国外实验室测试了三种不同类型的此类样品，相对密度分别为 2.75g/cm³、2.58g/cm³、2.06g/cm³。

4. 红外光谱测试

红外光谱显示，样品具有明显的高分子黏合剂的吸收峰，有时是聚丙烯酸酯，有时是环氧树脂，等等。

碎料压制再造绿松石的鉴别

碎料压制的再造绿松石，近几年在市场上大量出现。这种技术可以使绿松石渣料、边角余料等小料得以充分利用，不会因丢弃产生浪费。同时，样品的美观性、真实性强于粉末压制的再造绿松石。

早期的样品，由于颗粒与颗粒间的间隙没有被有色物质充填，因此不同颗粒间的颜色、结构等差异明显，加上边界清晰，差异更加一目了然、泾渭分明。后来，有人尝试将深色矿物甚至金属矿物用于再造绿松石的技术中,用以充填颗粒间的间隙,给人以天然铁线的感觉,仿真程度大大提升。

近几年，市场上出现了一种特殊颜色的新型绿松石样品， 包括紫色和黄绿色以及蓝色绿松石。2008 年 12 月在印度 Jaipur（斋浦尔：印度拉贾斯坦邦首府）珠宝展第一次见到这类绿松石。2010 年后，这种绿松石大

碎料压制的再造绿松石颗粒边界、间隙明显，非常好区分。

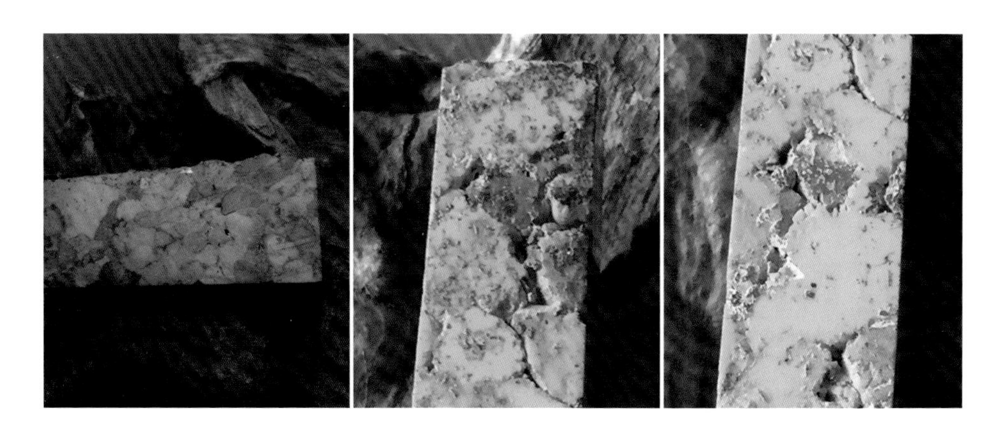

量出现。据了解，这种绿松石是在美国加工的，是经过染色处理后黏合在一起的，但具体的制作过程不得而知。目前，有种黄绿色的绿松石在国内市场上出现，和这种新型绿松石非常类似，有些商家将它称为“土库曼斯坦绿松石”。不太清楚这个名字是起源于何处，但肯定是为了混淆视听。

为了搞清楚这种绿松石到底是何方神圣，中外科学家对这种绿松石进行了全面的研究。

文献记载，该种绿松石有的含有矿脉，有的则不含。国内目前发现的黄绿色“土库曼斯坦绿松石”也类似。无论有无矿脉，这种绿松石成品呈现明显的分区现象且

这种新出现的绿松石的特殊品种有紫色、粉紫色、黄绿色和蓝色。其中紫色、粉紫色在天然绿松石中未曾见过。黄绿色在天然绿松石中也不多见。图片来源于 GEMS & GEMOLOGY，SUMMER 2010。

“土库曼斯坦绿松石”长链和戒面

送检的“土库曼斯坦绿松石”，整体呈黄绿色。

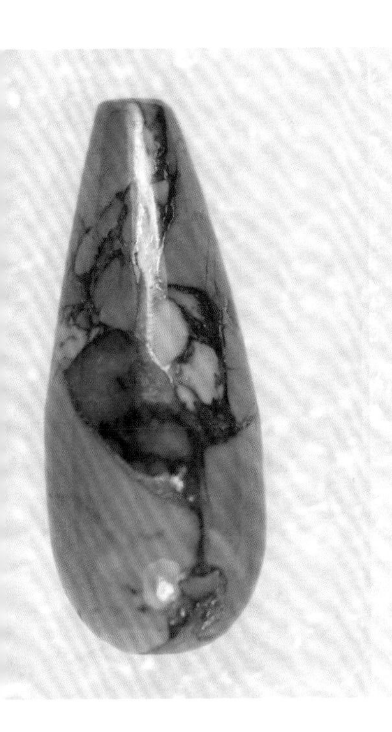

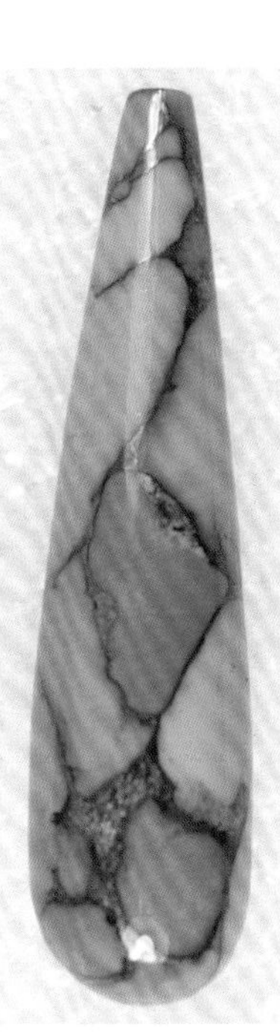

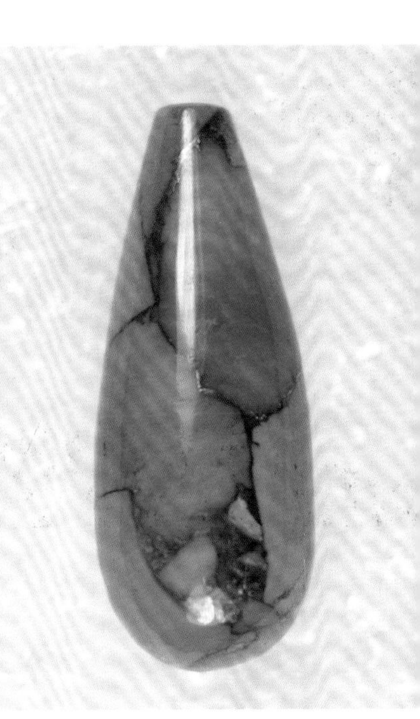

边界清晰，每一个封闭区域无论颜色还是结构，都与相邻的区域存在一定差异，无连贯性和过渡。

显微镜下观察，成品表面可见细小裂隙，裂隙中可见颜色富集，同时呈透明状态。对这种绿松石原石进行研究，发现表面就存在大量的胶状物质。紫色、紫粉色和黄绿色的原石表面的胶状物质则为有色、透明的。红外光谱对这种绿松石的原石和成品均进行了检测，样品整体呈现明显的高分子聚合物的红外吸收峰。

这种绿松石的矿脉明显不正常，与天然绿松石的"铁线"差异较大。天然绿松石通常分布有褐色到黑色的褐铁矿脉，黄铁矿或白铁矿晶粒有时会沿着脉或生长基质分布。与黄铁矿、白铁矿在天然绿松石中呈粒状分布不同，这种绿松石的矿脉是由无数的明亮的金黄色亮片组成，在绿松石碎块之间呈一种铜黄色存在，反射光下呈金属光泽，而且硬度较低，

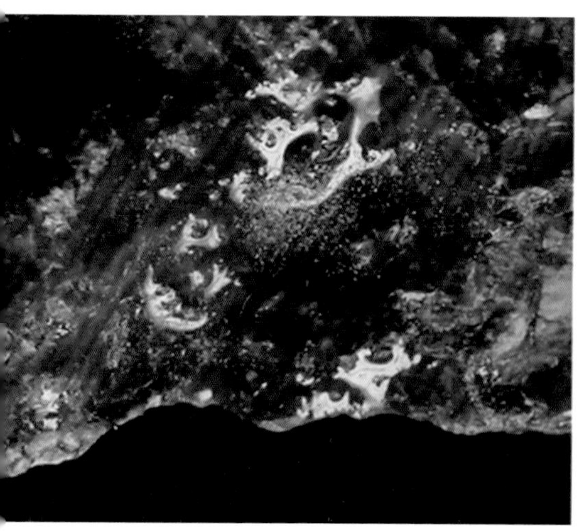

紫色、紫粉色以及黄绿色原石样品表面的颜色集中现象。左图中紫色、紫粉色原石样品的表面有一些红色物质。右图中黄绿色原石样品则有透明的褐黄色物质。经研究这些物质均为高分子聚合物，颜色的富集也证实了样品经过染色处理。图片来源于 GEMS & GEMOLOGY，SUMMER 2010。

原石样品颜色光泽均不正常。位于左边的黄绿色样品有褐黄色聚合物聚集现象，位于右边的紫色、紫粉色样品有红色聚合物集中现象。图片来源于 GEMS & GEMOLOGY，SUMMER 2010。

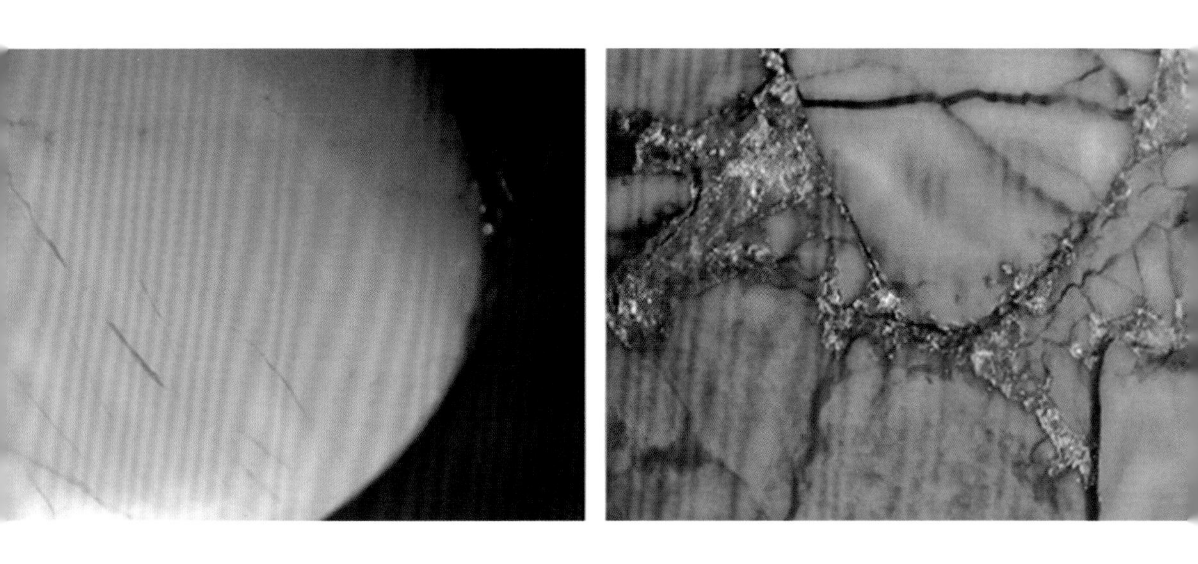

黄色和红色颜色集中现象表明样品经过了人工染色处理。左图中叠加在蓝色基底上的黄色使样品呈黄绿色。图中还可以看到在较深的裂隙中也填充了颜色。图片来源于 GEMS & GEMOLOGY，SUMMER 2010。

用针可以轻松划动。这种矿脉其实是人为制造出来的，是在金黄色的聚合物中添加了黄铁矿或白铁矿，然后充填于绿松石中。

发光性测试，长波紫外灯下，紫色、紫粉色绿松石发出明亮的斑块状橙红色荧光，蓝色绿松石发出强蓝色斑块状荧光，黄绿色样品部分为荧光惰性，部分为黄绿色荧光。“土库曼斯坦绿松石”整体呈现黄绿色荧光，但发光不均一，每个封闭区域的发光强度和颜色深浅不同，发光区域之间无连贯性。矿脉处的荧光均为惰性，短波紫外光下样品无荧光。

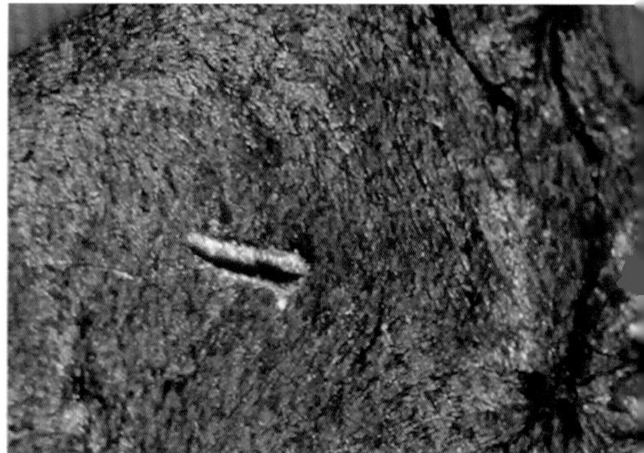

新型绿松石样品

绿松石样品中的脉络呈亮黄色，是由许多明亮的黄铁矿或白铁矿碎块混合在金黄色的聚合物中充填而成（左）。进一步放大观察这些金黄色的基质中含有细小鳞片状物质，金属探针留下划痕表明这种材料很软（右）。图片来源于 GEMS & GEMOLOGY，SUMMER 2010。

使用 DiamondView（钻石观察仪）对其发光性进行测试，样品的荧光表现更为突出，尤其是细小裂隙，荧光表现更为明显。

以上种种现象证实，这种新型绿松石实际上就是再造绿松石。除了蓝色样品，紫色、黄绿色样品均为染色处理，高分子聚合物的作用在于黏结绿松石碎块，使之成为一个整体。

长波紫外光下，“土库曼斯坦绿松石”的荧光呈现明显分区现象。

长波紫外光下，荧光现象因自身体色不同而不同。紫色、紫粉色绿松石发出亮橙红色荧光，蓝色绿松石发出蓝色斑块状荧光，黄绿色样品荧光较弱。图片来源于 GEMS & GEMOLOGY，SUMMER 2010。

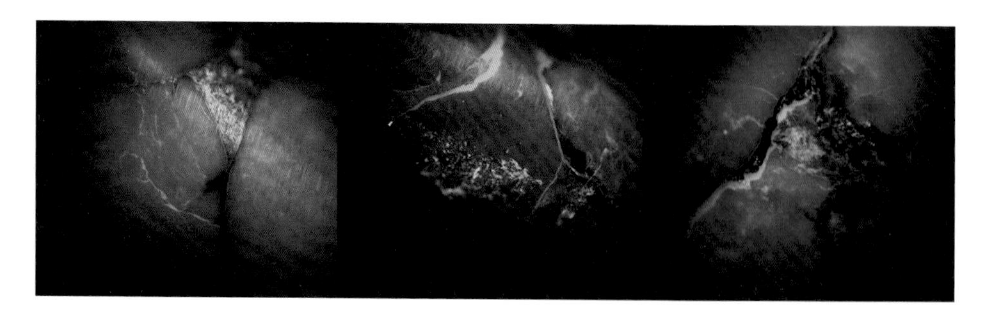

DiamondView 下“土库曼斯坦绿松石”的荧光表现。

我们可以通过以下方法对碎料压制的再造绿松石进行检测。

1. 结构

碎料压制的再造绿松石具有明显分区现象，且边界清晰。各区域之间的颜色、结构存在一定差异，无过渡性和连贯性。新型再造绿松石表面可见微小裂隙，局部裂隙中可以见到有色透明的充填物。

2. 颜色

新型再造绿松石的紫色、黄绿色是天然绿松石少有甚至没有的，局部裂隙、凹坑见颜色富集，可以作为染色的依据。

再造绿松石分区明显，颗粒边界清晰

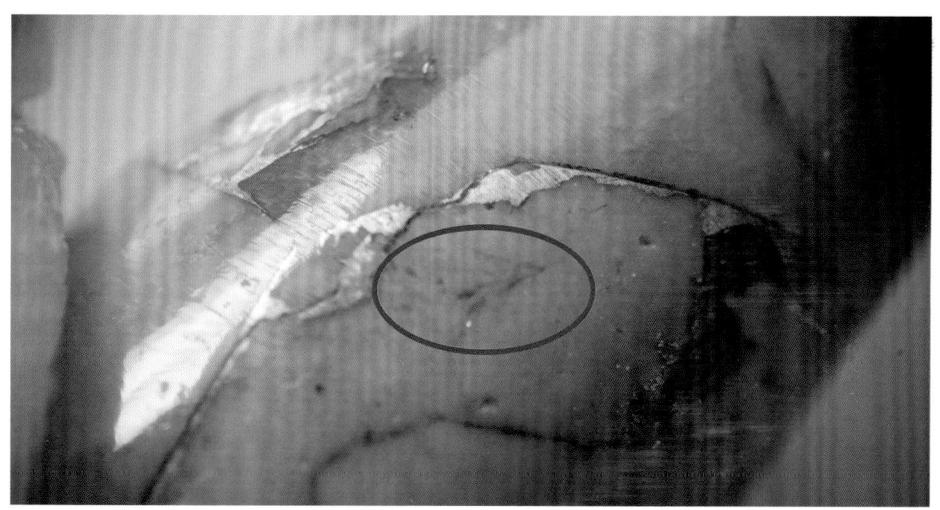

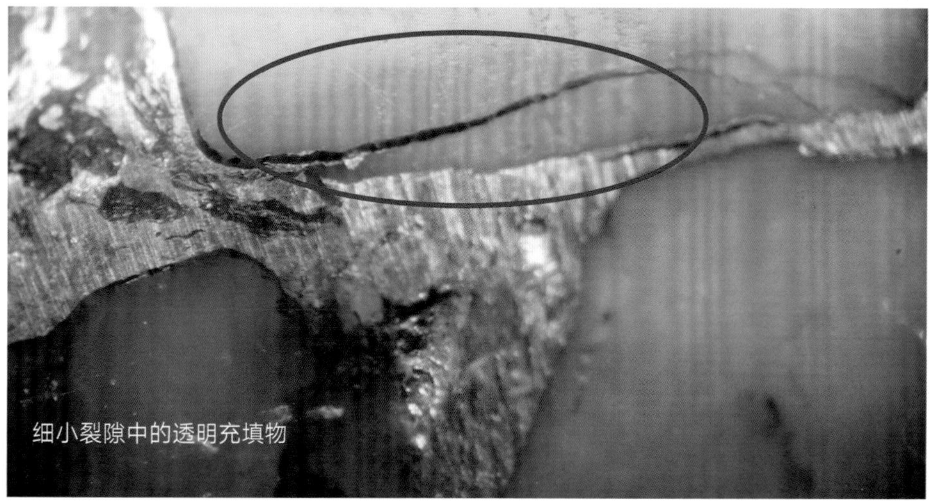

细小裂隙中的透明充填物

聚合物沿脉或孔洞充填，呈暗淡的蜡状光泽。图片来源于 GEMS & GEMOLOGY，SUMMER 2010。

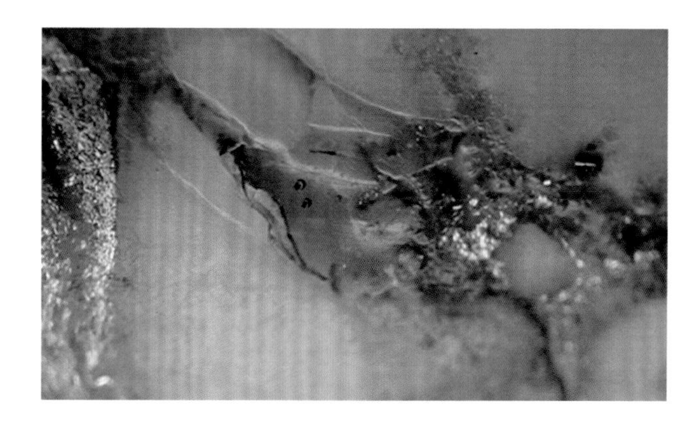

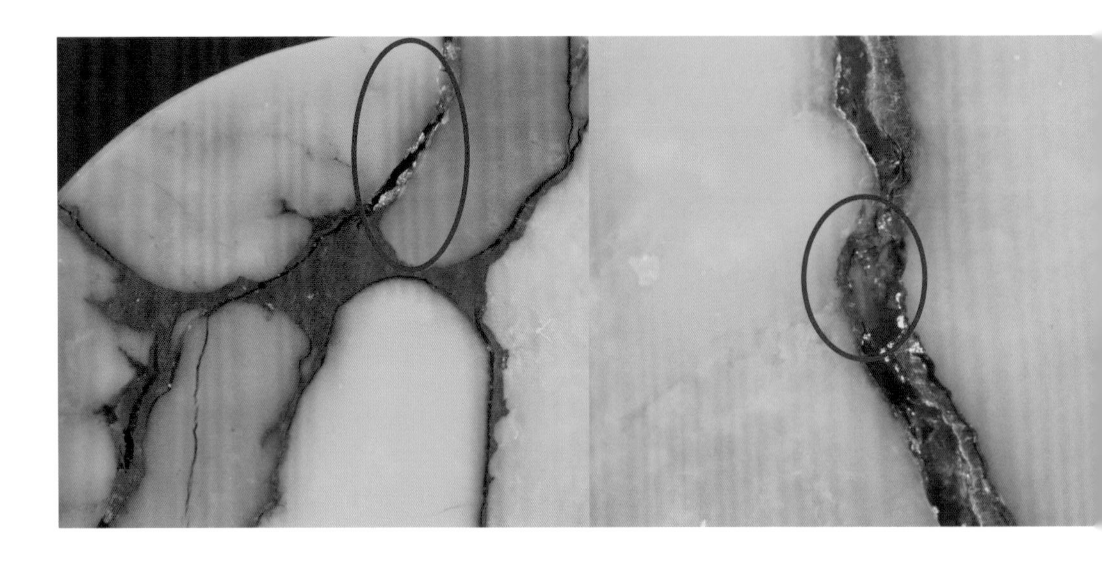

“土库曼斯坦绿松石”颗粒边界清晰，该粒样品局部可见颗粒边界没有完全被充填物充填，形成裂隙和凹坑。

3. 矿脉

新型再造绿松石的金属矿脉是天然绿松石不具有的，矿脉中的金属物质呈细小鳞片状，硬度低，用钢针或小刀可以划动。

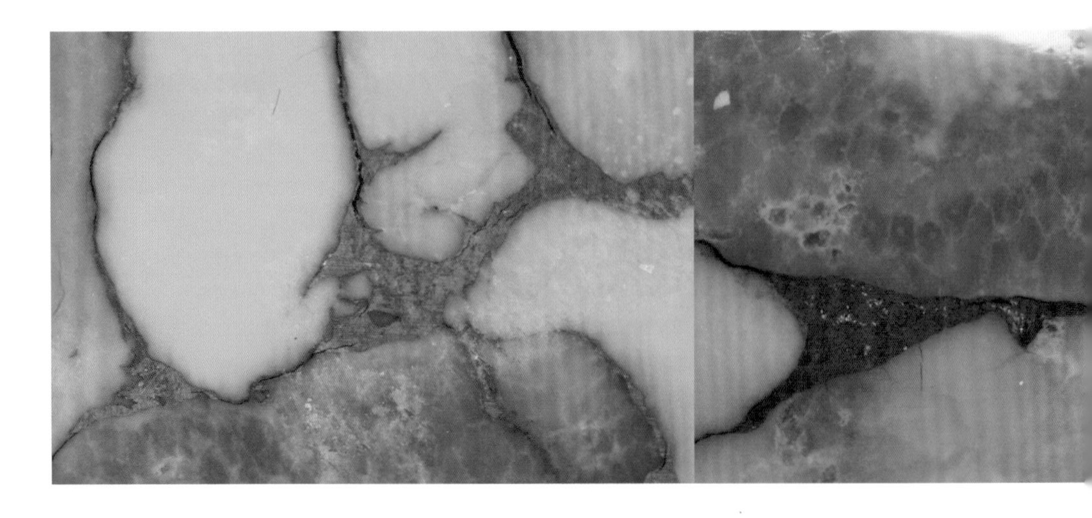

黄绿色“土库曼斯坦绿松石”分区明显，各区域颜色、结构差异大，局部可见黄色

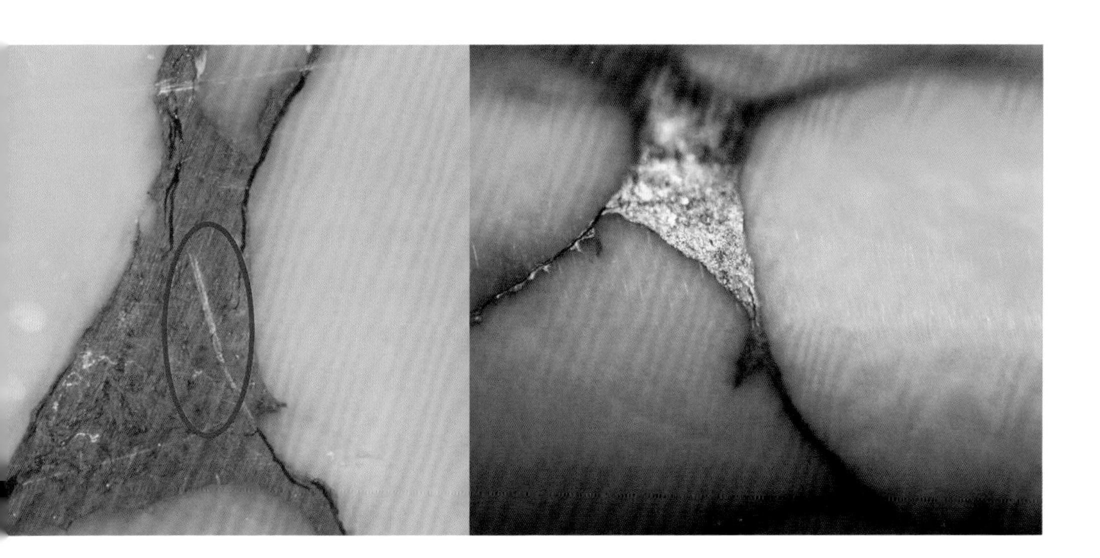

“土库曼斯坦绿松石”的矿脉，硬度不高，用刀刻划可留下划痕。

4. 发光现象

新型再造绿松石大多具弱到强的荧光现象，发光不均一，分区明显。同一样品不同区域的荧光强度、颜色具一定差异，且荧光下区域边界更为清晰。DiamondView（钻石观察仪）下裂隙间的强荧光证明充填物的存在。

5. 红外光谱测试

红外光谱测试证实再造绿松石整体存在高分子聚合物，为样品定性为再造绿松石提供了有力佐证。

绿松石与相似玉石及其仿制品的鉴别

市场上有很多与绿松石外观相似的玉石，这些玉石有的是纯天然的，有的是经过染色等处理的，有的则是与绿松石共生的伴生矿。另外，大量人工仿制品也出现在绿松石的流通市场，极具欺骗性。这些相似玉石和仿制品的出现，给消费和检测带来不少困扰。

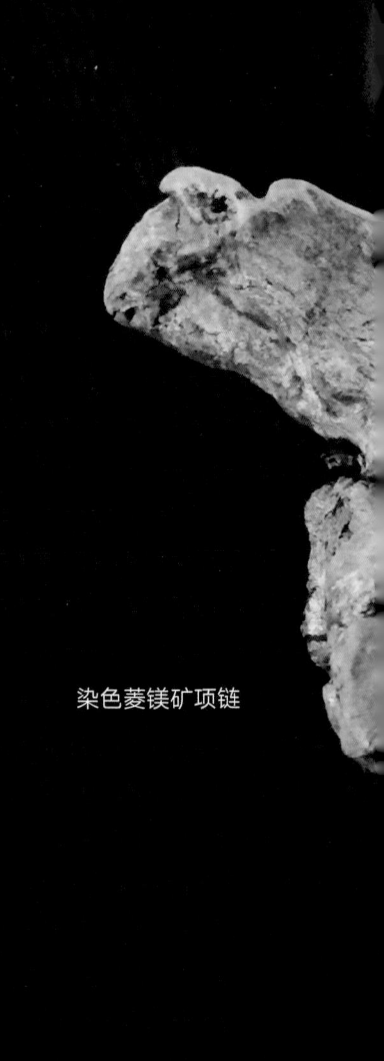

染色菱镁矿项链

Chapter 6

水牛石原石
照片由绿松石缘（北京）珠宝有限公司提供。

绿松石与
相似玉石及其仿制品的鉴别

市场上有很多与绿松石外观相似的玉石，这些玉石有的是纯天然的，有的是经过染色等处理的，有的则是与绿松石共生的伴生矿。

绿松石与相似天然玉石的鉴别

一、染色菱镁矿

菱镁矿属碳酸盐类矿物，一般呈白色、灰白色或浅黄白色，可以产出大块的原料。由于外观差异较大，通常情况下，菱镁矿是不会和绿松石混淆的。但是市场上经常会出现染色菱镁矿的原石、雕件、珠串等，外观和绿松石极为相似，令外行人难以区别。这种菱镁矿还常用黑色沥青等高分子聚合物充填空隙，以仿绿松石的铁线。

染色菱镁矿可以说是目前市场上仿绿松石最为普遍的材料，也是所有仿制品中与绿松石外观最接近的，肉眼难以鉴定，蒙骗了很多消费者。染色菱镁矿可通过以下几个方面进行鉴定。

1. 密度

和绿松石相比，菱镁矿具有较高的密度（约2.90～3.10g/cm^3，含铁高时，密度增大），用手掂量，比绿松石略沉。

2. 颜色

颜色常在菱镁矿的颗粒间、裂隙中富集，这是天然绿松石不具备的。如果菱镁矿染色不均匀，颜色渗透不够深，成品中还会留有白心，粉白色的感觉也是天然绿松石不具备的。有时，染色菱镁矿会在表面留下一些黄绿色的斑点，给人一种“脏”的感觉。

3. 铁线

染色菱镁矿的铁线分布多不自然，人为迹象明显。放大检查，有时可以见到铁线中的颗粒感。如果能够观察到铁线中黑色向周围浸染扩散，那么这件“绿松石”肯定有问题。

4. 大型仪器检测

通过红外光谱、拉曼光谱对样品进行检测，菱镁矿即可原形毕露；通过元素分析亦可以将二者区分开。

5. 价格

自然界产出的大块绿松石原料极其稀有，更不要说加工以后还能保持较大分量的，这样的绿松石一定价格不菲。如果看到一件分量足、工艺精美，但是价格又不贵的绿松石，就一定要小心了。

染色菱镁矿仿绿松石，外观极像天然绿松石。

美国睡美人绿松石，外观和染色菱镁矿像极了。

染色菱镁矿，染料在颗粒间、裂隙间富集。

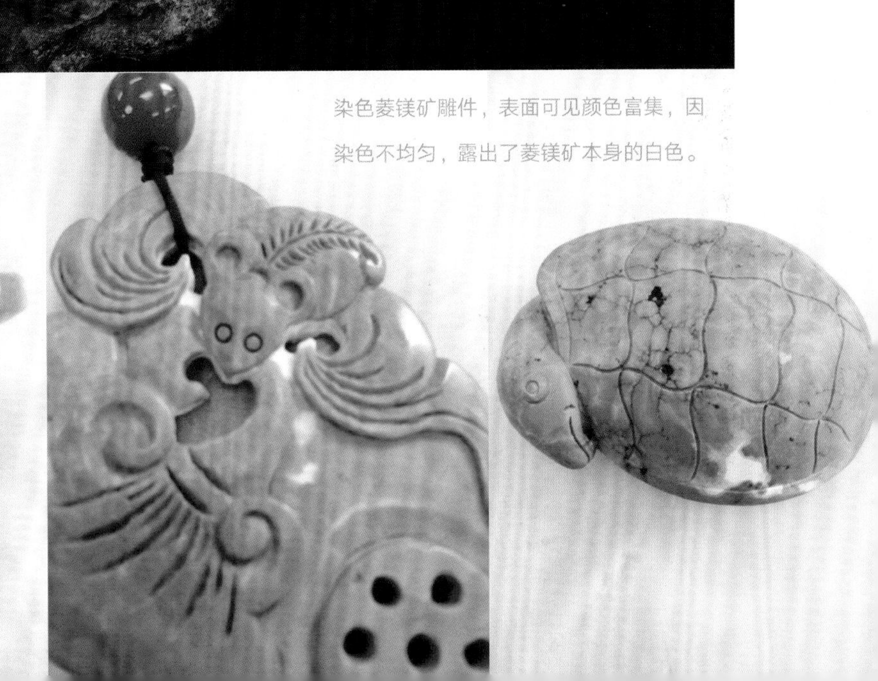

染色菱镁矿雕件，表面可见颜色富集，因染色不均匀，露出了菱镁矿本身的白色。

染色菱镁矿手链，染色工艺不好，不仅可以看到明显的颜色富集，表面还留下了黄绿色的斑点，看起来很脏。

染色菱镁矿项链，铁线分布非常不自然，人工迹象很重。

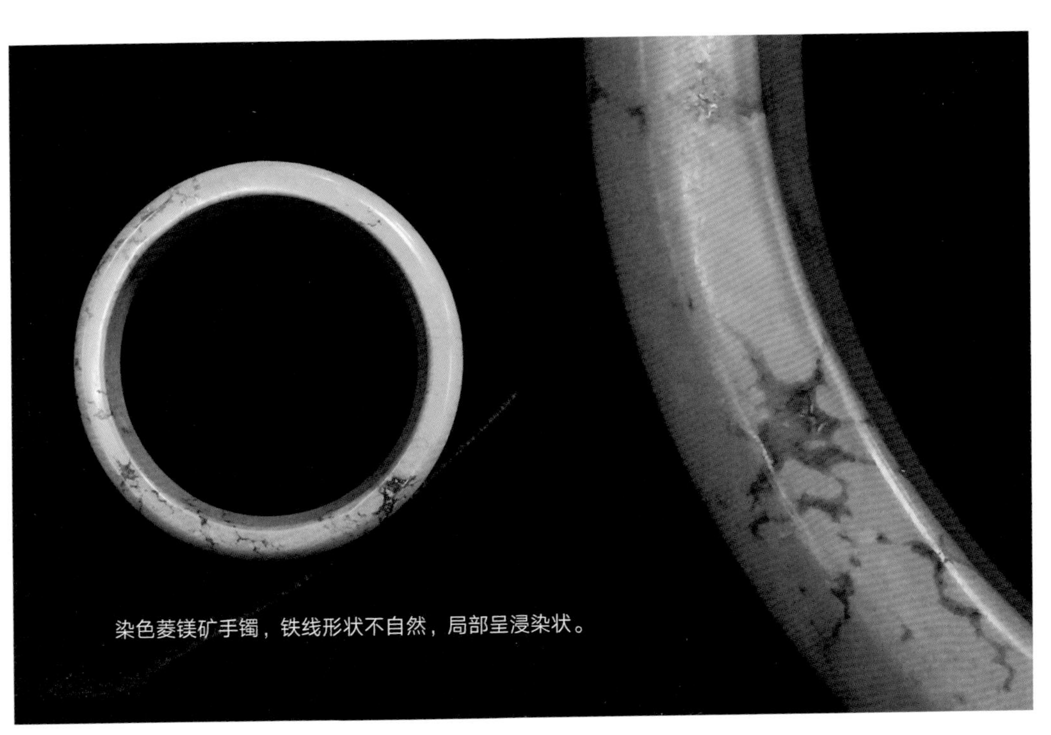

染色菱镁矿手镯，铁线形状不自然，局部呈浸染状。

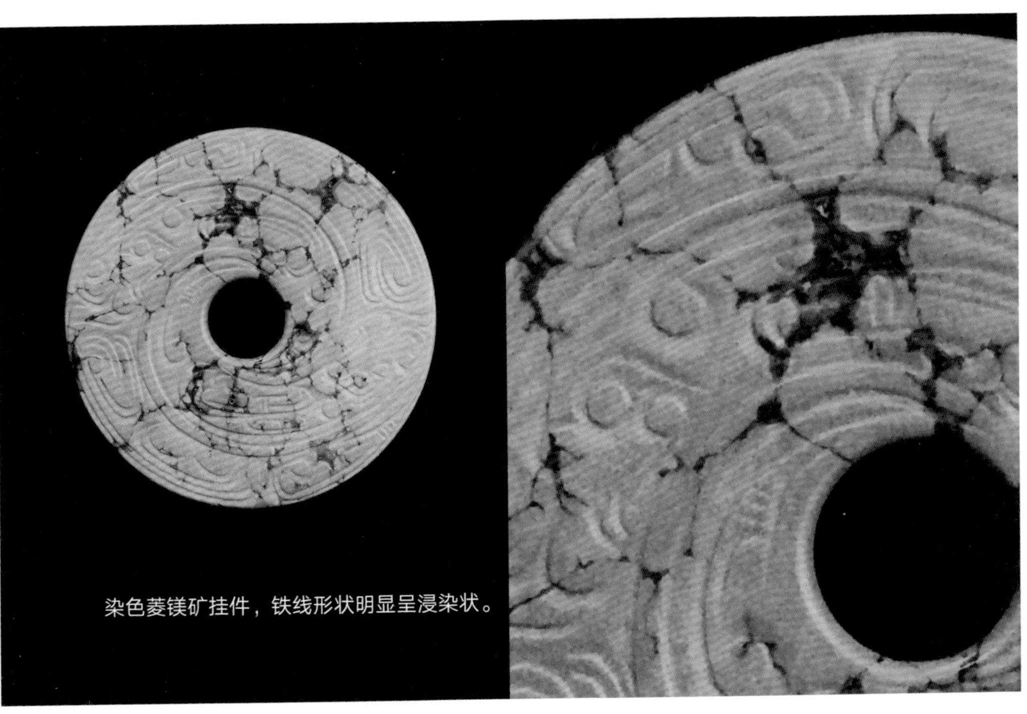

染色菱镁矿挂件，铁线形状明显呈浸染状。

天然绿松石铁线分布自然，无浸染。

二、磷铝石

磷铝石作为宝石材料的历史悠久，主要流传于西方国家。有关资料显示，早在公元前4000多年前的新石器时代，人们就用磷铝石来装饰自己。磷铝石多呈胶态，晶形少见，主要产于矿床氧化带，与赤铁矿、褐铁矿共生。目前，宝石级磷铝石的主要产地有美国的犹他州和内华达州、澳大利亚的昆士兰、捷克以及德国萨克森的瓦里西瓦。色泽好的绿色磷铝石上油后常用来冒充翡翠，一些含微褐色填充物者可冒充绿松石。

磷铝石属于磷酸盐矿物，化学式为 $Al(H_2O)_2[PO_4]$。它是由富含磷酸盐矿物的水与含有铝的岩石起化学反应而产生的。单纯的磷铝石为无色、白色，含杂质时可呈浅红色、绿色、黄色或天蓝色。绿色、黄色和天蓝色磷铝石极易与天然绿松石混淆。

美国宝石学院曾检测过一件具有“蛛网状”铁线的“绿松石”样品，其外观特别像内华达州的 Lander Blue（兰德蓝）绿松石。兰德蓝绿松石是国际市场上高品质绿松石的代表，因矿区很小，产量极少（一共产出 47kg），具有较高的市场价值。但这件样品经检测，主要成分为磷铝石。

磷铝石

这颗大小为 25.35mm × 17.70mm × 5.75 mm 的弧面宝石起初被当成“蛛网状”绿松石送检，检测后发现这其实是磷铝石。它看起来与内华达州的 Lander Blue（兰德蓝）绿松石矿产出的“蛛网状”绿松石非常相似。图片来自于 GEMS & GEMOLOGY，SPRING 2006。

美国兰德蓝绿松石，和上图的磷铝石外观极像。

最近，国内市场上出现一种叫作“美国苹果绿”的玉石品种，上品为全绿色，与绿色的绿松石较为相似。据研究，确认“美国苹果绿”的主要矿物组成为磷铝石，含少量的磷钙铝石。

检测中发现的磷铝石挂件，外观和绿松石较像。客户当美国苹果绿购买。

这两个戒面的主要矿物组成为磷铝石，客户当美国苹果绿购买。

左边是湖北竹山菜籽黄；右边是美国某矿区出产的所谓的菜籽黄，实为磷铝石。二者极为相像，肉眼无法区分。

各种颜色的磷铝石样品，外观和天然绿松石极为相似。

磷铝石的硬度为5（晶体），胶态则为3.5～4。密度2.53～2.57g/cm^3 。折射率1.564～1.590。这些常规数据和天然绿松石相比均偏低，但由于绿松石与磷铝石均为多孔隙矿物，硬度、密度、折射率的实测值受孔隙度的影响很大，所以，常规检测对于区分二者的意义不是很大。

最佳的方法还是利用红外光谱和拉曼光谱对二者进行区分。

三、三水铝石

三水铝石是一种铝的氢氧化物，与绿松石共生，呈白色、浅绿色、蓝白色，集合体呈结核状、皮壳状。天然的浅绿色、蓝白色三水铝石与绿松石极易混淆。但更为难鉴定的是一种染色同时被注胶充填后的三水铝石。这种三水铝石可具有绿松石的天蓝色，韧性加大，外表与绿松石更为接近。

从以下几点可以区别三水铝石与绿松石。

1. 颜色

三水铝石是一种比较浅的浅绿色，蓝白色者因蓝色浅而发白，很难达到绿松石的那种天蓝色。染色处理的三水铝石，在凹坑和裂隙处有时可见颜色富集，须在显微镜（或放大镜）下仔细观察。

三水铝石

图片来自于网络。

2. 光泽

三水铝石为玻璃光泽，而绿松石多数则是典型的蜡状光泽及土状光泽。

3. 韧度

三水铝石性脆，极易崩落，而绿松石相对韧性较大。

4. 硬度

三水铝石硬度极低，摩氏硬度为2.5～3.5，远低于品质为中等及以上的绿松石。低品质绿松石硬度低，但光泽弱，可以和二水铝石区别。

5. 密度

密度低于绿松石，为2.30～2.439g/cm^3。

6. 气味

三水铝石具有泥土臭味，而绿松石一般不会有任何气味。

7. 大型仪器检测

红外光谱和拉曼光谱检测，绿松石和三水铝石具有不同的吸收谱，可以将二者区分开；微量元素测试也是有效的检测手段。

四、硅孔雀石

硅孔雀石是一种含水的铜铝硅酸盐矿物，产于铜矿的氧化带，与铜矿床的其他次生矿物共生。常为隐晶质集合体，呈钟乳状、皮壳状、土状等，绿色、浅蓝绿色，含杂质时可变成褐色、黑色。具蜡状光泽、玻璃光泽，土状者具土状光泽。微透明至不透明。

硅孔雀石也是在外表上与绿松石极为相似的矿物之一，但可以从以下几点区别。

1. 颜色

硅孔雀石具有鲜艳的绿色、蓝绿色，加上它亚透明的特点，其颜色感觉比绿松石更鲜艳，没有绿松石颜色的柔和。

2. 折射率

硅孔雀石的折射率很低，1.461～1.570，点测法一般在1.50左右。硅孔雀石颜色鲜艳，总体感觉近似高品质绿松石，而高品质绿松石的折射率不会低于1.61。虽然绿松石不建议测折射率，但是高品质的绿松石短时间接触折射油是没有太大问题的。

3. 密度和硬度

硅孔雀石的密度和硬度均相对较低，密度2.0～2.4g/cm^3，硬度2～4，均小于高品质的绿松石。

4. 大型仪器检测

红外光谱和拉曼光谱可以将硅孔雀石与绿松石有效区分开。

硅孔雀石可浸染石英岩或蛋白石，用这种材料磨制的宝石具有与宿主矿物相近的特点。另外，有一种产于红海Aqaba湾（亚喀巴湾）的Eilat（埃拉特）石材，是硅孔雀石、绿松石和其他铜矿的混合物，此种材料具斑点状的蓝色和绿色，相对密度比硅孔雀石略大，为2.8～3.2g/cm^3。像这种含硅孔雀石的混合材料，有时虽然看上去像绿松石，但其斑驳的颜色还是和绿松石差异较大。

硅孔雀石吊坠 图片来自于网络。

五、天河石

天河石又称“亚马孙石”，是微斜长石中呈绿色至蓝绿色的变种。透明至半透明，玻璃光泽，因常含有斜长石的聚片双晶或穿插双晶，而呈绿色和白色格子状、条纹状或斑纹状，并可见解理面的闪光。

天河石的颜色和绿松石较为相似，但区分还是比较容易。

1. 透明度

天河石透明至半透明，与绿松石的不透明形成鲜明对比。

2. 纹理

天河石具绿色和白色格子状、条纹状或斑纹状纹路。而绿松石是隐晶质集合体，很难看到结构，不具有格子状的纹路。

3. 密度和折射率

天河石的密度为 2.56g/cm³ 左右，折射率为 1.522～1.530，均低于高品质绿松石。

4. 大型仪器检测

红外光谱和拉曼光谱可以将绿松石和天河石区分开。

天河石圆珠、手串，颜色非常像绿松石。

六、异极矿

异极矿属于稀少宝石，主要产于铅锌矿床的氧化带，是一种次生氧化矿物，多数呈脉状产出。通常产于石灰岩内，与闪锌矿、菱锌矿、白铅矿、褐铁矿等共生。主要产于美国、墨西哥、刚果、德国、奥地利等地，在我国云南、广西、贵州、新疆等省（自治区）也有产出。

异极矿的折射率为1.612～1.630，双折射率为0.018；摩氏硬度为4.5～5；相对密度为3.45g/cm³；具有皮壳状、肾状和同心放射状结构特点；透明到半透明，玻璃光泽。

异极矿的晶体有白色、黄色、灰色、棕色等，只有含铜时，颜色才呈蓝色、蓝绿色或绿色。这种含铜的异极矿是中国特有的珠宝玉石品种，称为中国蓝，极其稀有，具有很高的收藏和鉴赏价值，是矿物收藏界的宠儿。蓝色、蓝绿色异极矿的颜色和绿松石非常接近，也因此容易与绿松石混淆。

异极矿的各项常规数据与绿松石较为接近，不太容易区分。我们可以从以下几个方面对异极矿和绿松石进行区分。

1. 透明度

异极矿多为透明至半透明，与绿松石的透明度差异较大。

2. 结构

放大检查，异极矿常呈放射状、纤维状结构，这种结构是绿松石不具备的。

3. 大型仪器检测

红外光谱、拉曼光谱和微量元素测试可以有效区分异极矿和绿松石。

异极矿戒面，颜色和天然蓝色绿松石非常像。

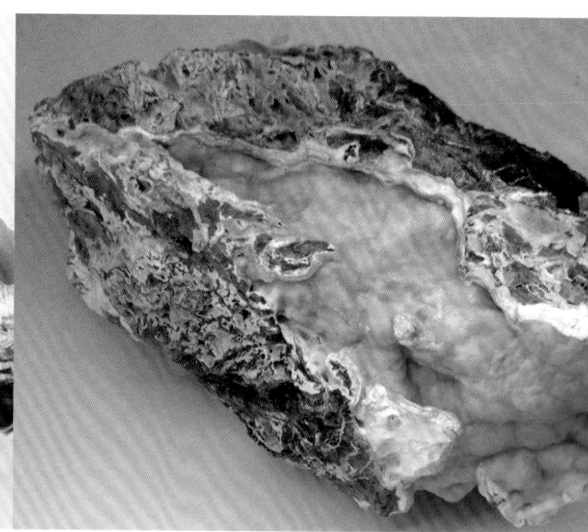

异极矿原石　图片来自网络。

七、蓝玉髓

蓝玉髓多产于中国台湾、美国和印度尼西亚等，因颜色柔和自然，非常受欢迎。

蓝玉髓属于石英质玉石，化学成分 SiO_2，折射率 1.54 左右。由于结晶程度和所含杂质的影响，密度会有一定的变化，一般在 2.55～2.71g/cm^3。摩氏硬度略低于单晶体石英，为 6.5～7。隐晶质结构。

蓝玉髓的颜色多为灰蓝色—蓝绿色，高档蓝玉髓为天蓝色，与高品质天蓝色绿松石颜色相近，比较容易混淆。

蓝玉髓和绿松石的区分如下。

1. 透明度

蓝玉髓为半透明玉石，透明度高于绿松石。透射光照射，可以看见内部的生长现象及天然矿物包裹体。

2. 折射率

蓝玉髓的外观与高品质的绿松石相近，折射率却相对较低。

3. 硬度

蓝玉髓的硬度比绿松石的硬度高，用小刀刻划不动。

4. 大型仪器检测

红外光谱、拉曼光谱和微量元素测试可以有效区分蓝玉髓和绿松石。

蓝玉髓

八、加斯佩石（柠檬玉）

加斯佩石，英文名称 gaspeite，是一种不透明、带绿色调的玉石新品种，颜色亮丽，价格不菲。加斯佩石的矿物名称为菱镍矿，是一种罕见的镍碳酸盐。该矿物最早发现于 1966 年加拿大魁北克省加斯佩半岛，由此而得名。迄今为止，只有极少数的几个国家发现了这种矿物。

澳大利亚西部的加斯佩石作为镍矿和绿玉髓矿开采的副产品，发现于 20 世纪 90 年代。著名的“黄金城”卡尔古利以南 56km 的坎博尔达地区，从纳拉金区史宾纳维附近的奥特韦镍矿到威奇穆尔萨的镍矿，几百英里的富镍矿带上都有加斯佩石的产出，这是目前市场上宝石级加斯佩石的主要产地。除此之外，日本、南非、土耳其等国也有少量产出。

加斯佩石常见浅绿色、草绿色、橄榄绿色、苹果绿色、浅黄色，微透明－不透明，玻璃光泽－弱玻璃光泽；折射率 1.61～1.83，摩氏硬度为 4.5～5.0，密度为 3.71～3.75g/cm^3。通常情况下，加斯佩石的矿物组成相对复杂，并非单纯的菱镍矿，而是常与菱镁矿、菱铁矿形成类质同象共生，同时可有多种其他共生矿物，最为常见的是石英。以澳大利亚产加斯佩石为例，其矿物组成主要为含镍菱镁矿，并伴有石英（玉髓）混入。随着不同矿物成分比例的变化，尤其是石英（玉髓）的混入，加斯佩石的折射率、密度会降低，硬度会变大。

澳大利亚产加斯佩石中常有一些来自围岩的棕色物质，呈斑块状或网脉状分布。当这些物质呈蜘蛛网状分布时，其外观和质地的感觉就非常像绿松石，只不过绿松石的颜色相对更蓝一些。由于颜色接近柠檬黄色，因此，在澳大利亚，加斯佩石起初常被称为“柠檬松”，后因怕和绿松石混淆，改称为“柠檬玉”。

加斯佩石与绿松石的区别如下。

实验室检测中发现的加斯佩石（柠檬玉）

矿物成分较为复杂，含一定量的石英，有时可见棕褐色的矿脉。一眼看去，和湖北竹山菜籽黄很像。

来自澳大利亚的加斯佩石（柠檬玉）原石

1. 折射率和密度

在成分相对单纯的情况下，加斯佩石的折射率和密度均大于绿松石，相对比较好区分。随着石英（玉髓）混入量的增加，加斯佩石的折射率和密度会接近绿松石，甚至低于绿松石。

2. 大型仪器检测

红外光谱、拉曼光谱和微量元素测试可以有效区分加斯佩石和绿松石。

九、水牛石

水牛石是以纤磷钙铝石、磷钙铝矾为主要成分的混合型矿物，商业名称“瑞白卡”，常作为绿松石的伴生矿，以块状多矿物集合体的形式呈现。颜色以白色、乳白色为主，因所含微量元素的不同，导致其颜色也有所差异，有淡青色、浅蓝色和淡紫罗兰色，尤以乳黄色和蜜黄色较为稀少。当 Cu^{2+} 参与致色时，呈淡蓝色、紫色系，当 Fe^{3+} 参与致色时，呈黄色、绿色系。

水牛石色彩丰富、色泽圆润、色调清雅，加之遍布铁线，拥有松石般美丽的纹路，更使其增加了神秘深邃之感，如中国水墨画一样引人无限遐想，极具赏玩性。

各种颜色的水牛石　照片由绿松石缘（北京）珠宝有限公司提供。

淡蓝色的水牛石与绿松石较为相似，比较容易混淆。听说还有人将白色水牛石染上颜色，冒充天然绿松石，目前尚未得到证实。

由于水牛石吸水性太强，折射率和静水密度值都不能测定。

水牛石与绿松石的区别如下。

1. 颜色

水牛石多为白色、乳白色、浅黄色、浅紫色等，与绿松石的颜色有较大差距。

2. 大型仪器检测

通过红外光谱可以将水牛石与绿松石区分开。

水牛石原石　照片由绿松石缘（北京）珠宝有限公司提供。

绿松石与新型人工仿制品的鉴别

随着新型仿制宝玉石制作工艺的日新月异，仿制绿松石不再拘泥于菱镁矿、磷铝石、三水铝石、异极矿等传统矿物组成，如今新型人工仿制品大量出现在绿松石的流通市场，且矿物组成明显异于传统仿制品。

通俗地说，这些绿松石的人工仿制品是由石粉压制的材料。随着工艺的不断改进，这些仿制品的仿真效果越来越逼真。但由于压制用的石粉随机性很强，矿物组成日趋多样性、复杂化，因此几乎没有什么固定的配方。目前国内珠宝研究界分析出来的配方有以下几种。

1. 采用白云质大理岩粉末压制而成。

2. 采用白云石与方解石两种碳酸盐矿物的混合粉末压制而成。

3. 采用硅酸盐（斜硅钙石）与碳酸盐（方解石）两种矿物粉末压制而成。

4. 采用水菱镁矿粉末加人造树脂压制而成。

5. 采用硅酸盐类为主要矿物的粉末压制而成，成分中还并含有钡长石、辉石与石英。

6. 一种美国市场最新出现的仿制品，主要是由非晶态物质、含铜磷酸盐矿物、刚玉及一定量的绿松石、金红石、石英和有机物组成。

以上六种配方，必须要通过加入人造树脂才能实现压固胶结。同时，以上所有矿物的粉末都是白色的，这也就意味着，一定要加入铜盐矿物作为染料，才能使最后仿制品的颜色更接近绿松石的颜色。

由于这类仿制品的组成不固定，随机性很强，因此，常规的折射率、密度对检测来说，意义不大。但受限于加工工艺，这类仿制品还是会存在其特殊的“印记”。

1. 由于是粉末压制，通过显微镜放大检查，其结构必然是粒状结构，局部可以

新型人工仿制品

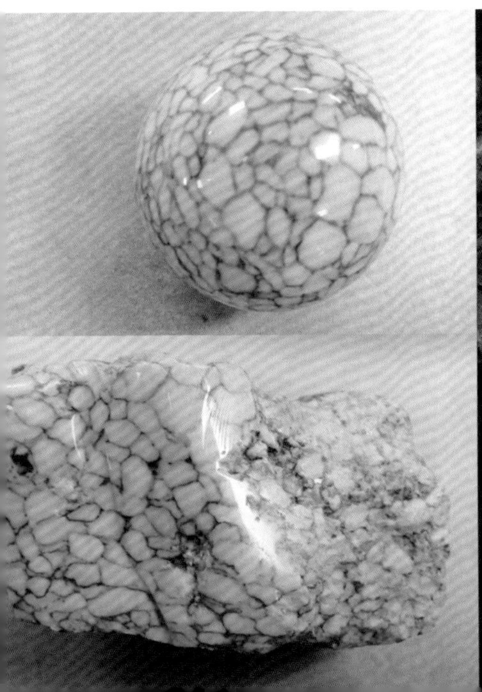

看到明显的矿物颗粒，且颗粒棱角清晰。这是绿松石所不具备的特征。

大多数绿松石是很难观察到清晰的结构的，高品质绿松石有时可以看到内部有白色的点状或团块状的矿物颗粒，但棱角的清晰度、对比度弱于仿制品。

2. 由于加入了铜盐矿物作为染料，因此仔细观察仿制品，多数情况下是可以看到蓝色的染料颗粒的。而天然绿松石是不可能出现蓝色颗粒这种特征的。

3. 有时绿松石人工仿制品的铁线人工迹象明显，形态不自然，异于天然绿松石铁线。

美国睡美人绿松石的内部结构，与仿制品差异较大。

粉末压制仿绿松石呈粒状结构，颗粒对比度明显，边界清晰。

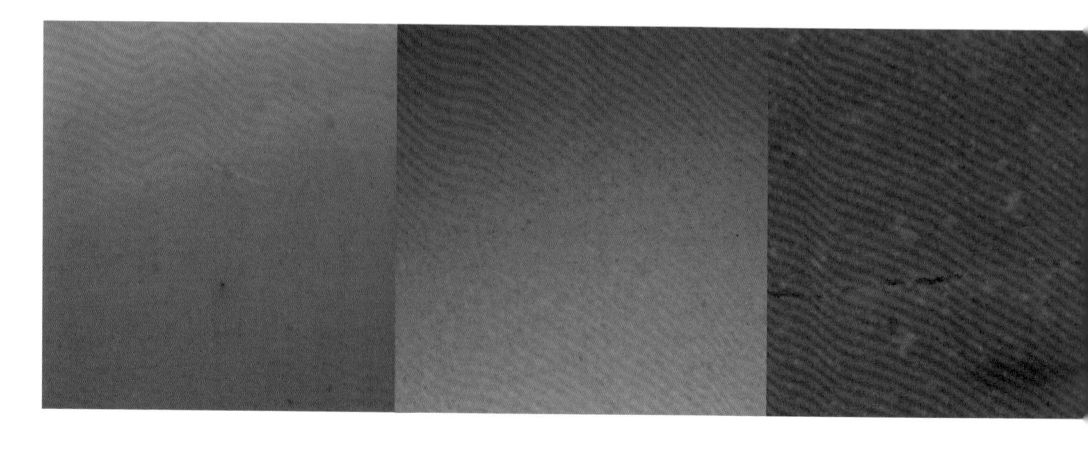

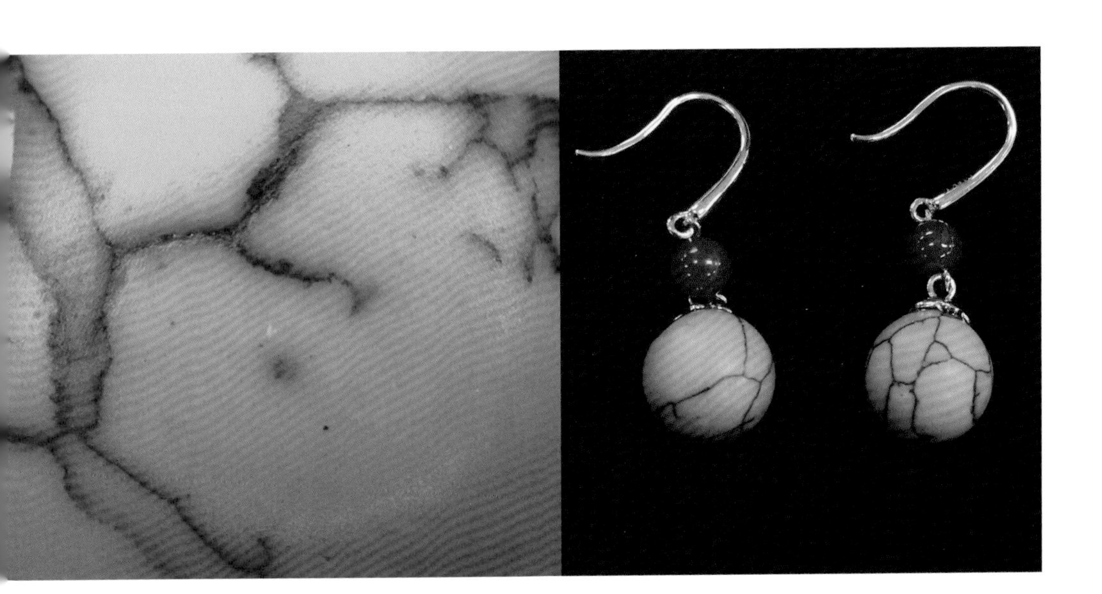

粉末压制仿绿松石耳饰，表面可见染料颗粒。

4. 部分仿制品原石表面可以看到胶的残余，有时甚至可以看到“起皮”的现象。

5. 利用红外光谱可以非常方便快捷地区分绿松石和仿制品的差异。

粉末压制仿绿松石的铁线不自然，人为迹象明显。

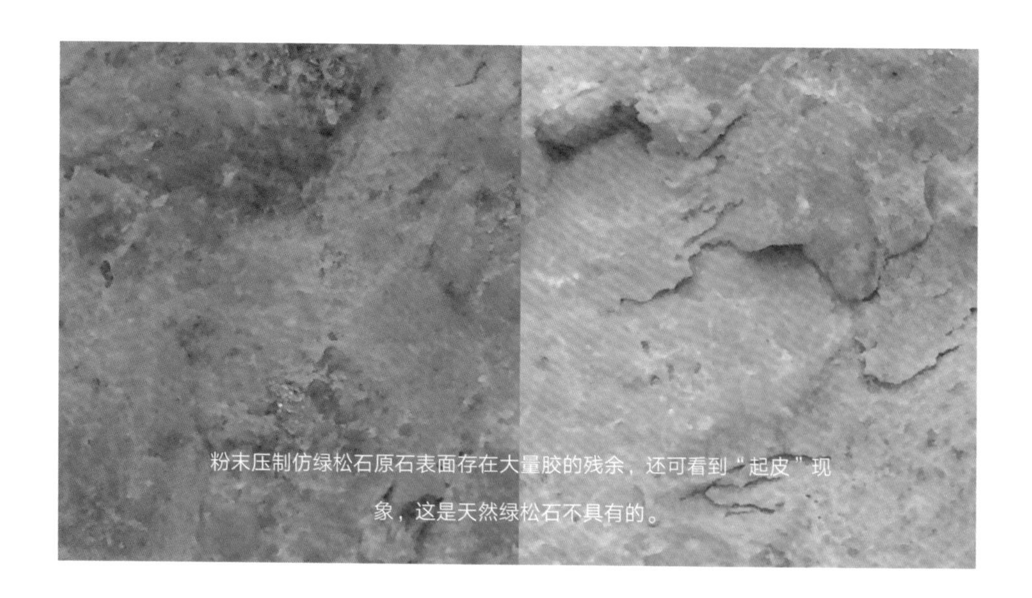

粉末压制仿绿松石原石表面存在大量胶的残余，还可看到“起皮”现象，这是天然绿松石不具有的。

绿松石与其他人工仿制品的鉴别

一、玻璃

玻璃是最为常见的珠宝玉石的仿制品。加入不同的致色元素，玻璃可以呈现不同的颜色，用来仿制各类珠宝玉石。天蓝色玻璃常被用来仿冒绿松石，这种玻璃呈半透明或不透明，其中部分具有不同程度的脱玻化，为脱玻化玻璃。

玻璃仿绿松石的鉴定特征如下。

检测工作中发现的玻璃仿绿松石。

1. 光泽

玻璃仿制品具有玻璃光泽，光泽强于多数绿松石。

2. 透明度

玻璃仿制品多为半透明，即使不透明，用强光照射，光也能深入内部一定距离。这种对光的透射能力，是与绿松石有差异的。

3. 折射率与密度

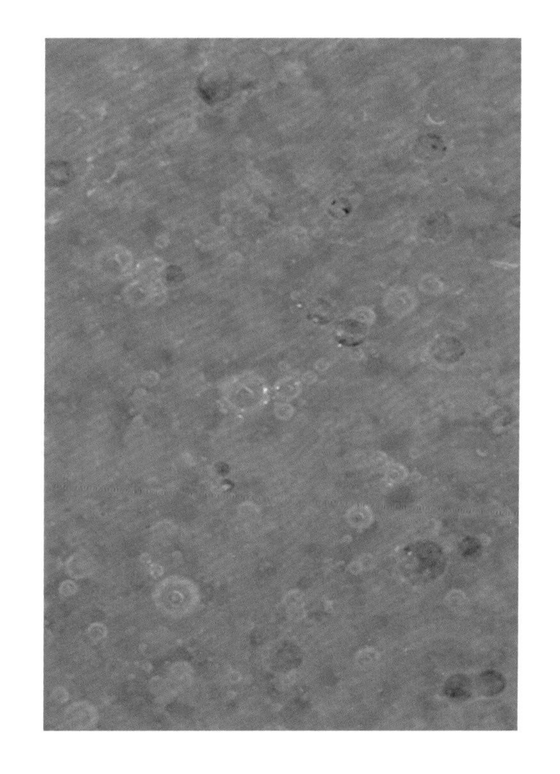

玻璃仿制品中含大量气泡

通常情况下，玻璃的折射率和密度会随着化学成分的不同，产生很大变化。一般玻璃折射率的范围是1.47～1.70，最高可达1.95；密度的范围可从2.20g/cm^{3}变化至6.30g/cm^3。就目前掌握的情况来看，玻璃仿绿松石的折射率和密度均低于天然绿松石，折射率低至1.50左右，密度为2.20～2.50g/cm^3。

4. 放大检查

显微镜（或放大镜）下，通过透射光观察样品内部，玻璃仿制品内部可见气泡、旋涡纹、流动纹等；脱玻化玻璃则可观察到一种类似于蕨叶状的结构；仔细寻找样品破损的地方，观察样品的破口处，玻璃具有贝壳状断口；少数情况下，玻璃仿制品具有模具的印痕，这是倒模的过程中形成的。这些镜下特征是天然绿松石不具有的，可以迅速将玻璃仿制品与天然绿松石区分开来。

5. 大型仪器检测

红外光谱可以将玻璃和绿松石完全区分开；通过元素分析，也可以区分玻璃与绿松石。

二、塑料

塑料作为宝玉石的仿制材料，常用于仿各种珠宝玉石，如琥珀、象牙、欧泊、翡翠、和田玉等。另外，绿松石也是被仿制的对象。

总的来说，塑料的鉴定相对还是比较容易的。

1. 外观特征

同玻璃相比，塑料更需采用铸模工艺制造仿制品，因此塑料仿制品常显示出铸模仿制品所特有的性质，如铸模痕迹、凹陷刻面、“橘子皮”效应等。从透明度来看，塑料的透明度要明显强于天然绿松石。

2. 光泽与断口

由于塑料的硬度及折射率较低，大多数塑料显示油脂光泽至亚玻璃光泽，保存较长时间的塑料则显示出黯淡的蜡状光泽。如果塑料仿制品制作工艺好的话，光泽和天然绿松石会很接近，很难区别。但塑料具有贝壳状断口，这是绿松石没有的。

3. 硬度

塑料的摩氏硬度在1~3之间，比天然绿松石低很多。由于相当软而易于刻划、磨损，表面易形成麻点、划痕。

4. 折射率

大多数情况下，塑料的折射率在 1.50 左右，甚至低至 1.46，折射率值明显低于绿松石。

5. 密度

塑料的密度远远低于绿松石，通常在1.0～1.55g/cm^{3}之间。

6. 放大检查

塑料仿制品常显示各种形状的气泡和流动纹。当气泡到达表面，会形成半球状空穴。这些特征是天然绿松石没有的。

7. 热针测试

当用热针接触塑料仿制品时，绝大多数塑料仿制品会熔化或烧焦，通常大多数还伴有辛辣难闻的气味。这些特征有助于鉴别塑料仿制品。

三、陶瓷

陶瓷仿宝石制品是利用陶瓷工艺技术，将无机材料粉末（也可在粉末中先加入低熔点的黏结剂将粉末黏在一起）经加热或焙烧，并通过热压而制成。有时还在制品表面施釉，以增强其光泽。陶瓷仿宝石制品主要用于模仿不透明的珠宝玉石，其中就包括绿松石。

据了解，陶瓷仿绿松石采用三水铝石材料加绿色或蓝色着色剂烧结而成。其颜色呆板，结构比天然绿松石致密，放大观察可见均匀的粉末颗粒；其密度和折射率通常也比天然绿松石的大。陶瓷仿绿松石的红外光谱特征与绿松石的相差很大，因而很好区分。

Chapter 7

绿松石的质量评价

目前，国内外绿松石界对绿松石的质量评价还没有一个统一的标准。尽管国内很多学者都对绿松石的评价体系展开了各种研究工作，但受制于绿松石的特殊性（如多样化的颜色、质地等），很难将其各项指标数据化。

现在，国内外划分绿松石等级基本依靠的是经验。综合国内学者对绿松石质量评价的研究，结合市场经验，对绿松石的质量评价总结如下。

绿松石的质量评价

绿松石的质量评价要素

绿松石的质量评价可以从颜色、质地、净度、特殊花纹、体积（块度）以及加工工艺等方面分别进行。

1. 颜色

颜色的美丽程度是评价绿松石质量的重要因素。颜色要纯正、均匀、鲜艳。根据绿松石产出颜色的特征，一般以蓝色调的绿松石质量为最好，带绿的蓝色、蓝绿色、绿色的绿松石质量依次降低。在蓝色的绿松石中，根据颜色浓度的深浅，如果分成深、中等、浅三种色调的话，则以中等色调的蓝色者即天蓝色为最佳，深蓝、浅蓝次之。如果绿松石中存在灰色、褐色、黄色等色调，则将大大地降低绿松石的质量等级。

各种绿松石精品挂件

图片由北京靓工坊提供。

2. 质地

质地的致密程度是评价绿松石质量的又一重要因素。优质的绿松石质地应致密坚韧，具有较高的密度和硬度，密度约在2.70g/cm^{3}左右，摩氏硬度在5.5～6。密度值直接反映出绿松石受风化的程度，随着风化程度的加深，绿松石相对密度降低，品质也明显降低。根据质地的致密程度，可将绿松石进一步划分为瓷松、硬松、泡（面）松。

各种绿松石精品挂件 图片由北京靓工坊提供。

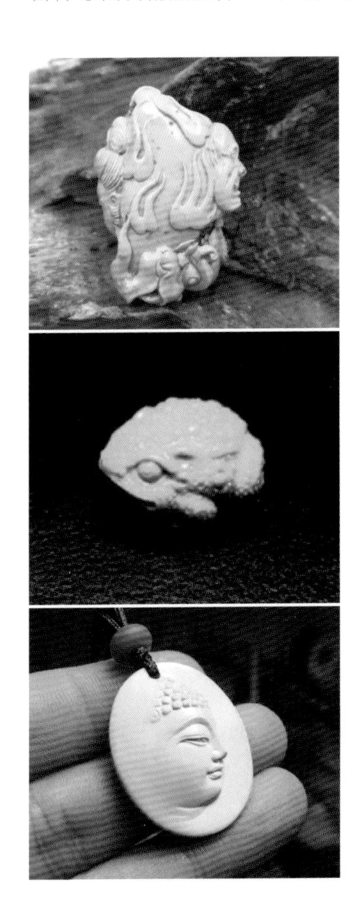

3. 净度

瑕疵的存在也将影响到绿松石的质量等级，优质的绿松石应该没有杂质和其他缺陷。瑕疵越少，品质越好，越利于加工；反之，品质越差，加工时更易炸裂（成品率低）。瑕疵的主要类型有白脑、白筋、糠心、裂隙等。

白脑：指在绿松石基底上存在的白色和月白色的星点或斑点，这是由黏土矿物、石英、方解石等矿物造成的。白脑的存在会大大降低绿松石的质量和品位。

白筋：指绿松石中细脉状的白脑。

糠心：指绿松石的外层为瓷松，而内心为灰褐色或空洞，这是绿松石的一大忌，严重影响其质量。

绿松石珠子 图片由北京靓工坊提供。

4. 特殊花纹（铁线）

当铁线在绿松石中构成优美的图案时，可以提高其品质。

5. 体积（块度）

绿松石块体的大小也是评价绿松石质量的一个因素，一般情况下，在颜色、质地、净度等质量因素相同的条件下，绿松石的体积（块度）越大，价值也就越高。在绿松石的销售中，对块度有一定的要求，但总的原则是，颜色品质高的绿松石，块度要求可以低一些。

总之，根据绿松石的颜色、质地、净度、特殊花纹（铁线）、体积（块度）等质量因素可将绿松石分为以下四个等级。

各种绿松石精品挂件 图片由北京靓工坊提供。

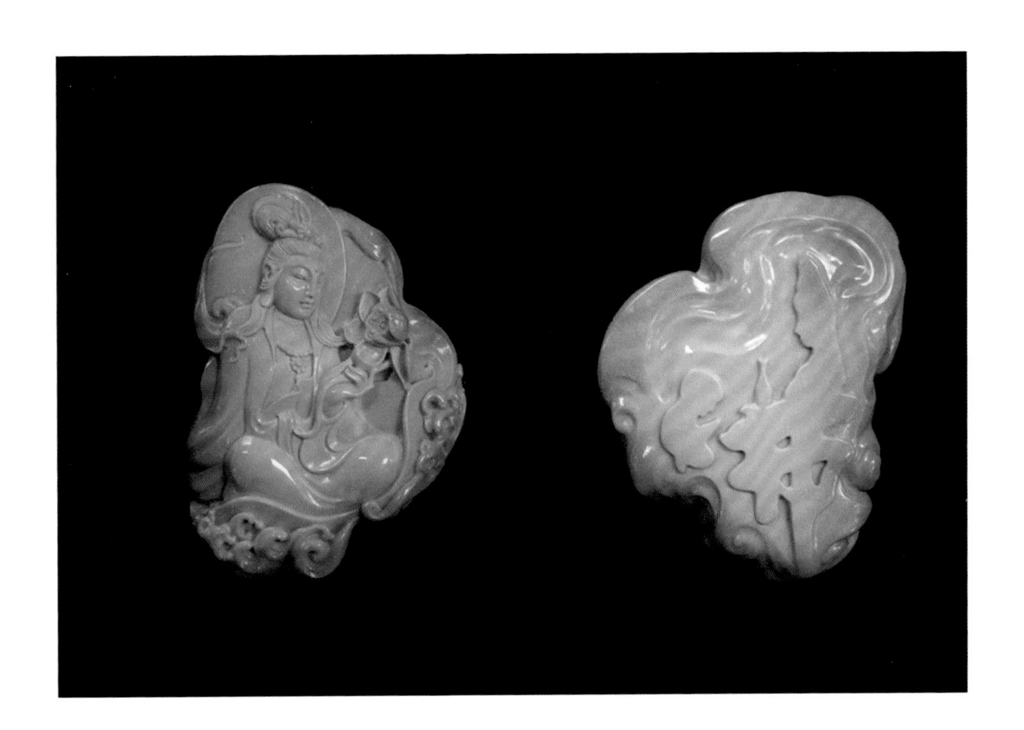

精品收藏级绿松石

瓷松级绿松石，拥有柔和的天蓝色，配以大师级雕工，极具收藏价值。

1. 一级品（波斯级）

绿松石具有中—强的天蓝色，颜色纯正、柔和、均匀；结构致密、坚韧，质地细腻光洁；光泽强，微透明，犹如上釉的瓷器，表面有玻璃感；无铁线及其他瑕疵；体积（块度）大，但如质地特别优良，即使块度较小，也为一级品。在国际珠宝市场，商业上将该类绿松石称为波斯级绿松石。基底满足上述条件，绿松石表面如有一种诱人的蜘蛛网状花纹，也仍为一级品，称为波斯蜘蛛网绿松石。

2. 二级品（美洲级）

颜色为深蓝色、蓝绿色，颜色较鲜艳、纯正、均匀；质地致密、坚韧，光泽较强；铁线及其他瑕疵很少；体积（块度）中等；原石的利用率较高。即使体积（块度）大，颜色如为深蓝色，仍只能列于二级品。

3. 三级品（埃及级）

颜色为浅蓝色、绿蓝色、蓝绿色、黄绿色等，质地较坚硬，光泽暗淡，铁线明显，有白脑、白筋、糠心、裂隙等缺陷，块度大小不等。

4. 四级品（阿富汗级）

颜色为蓝白、浅黄绿色、暗黄绿色、灰色、褐色、黄色等不为人喜欢的颜色；质地较粗糙、疏松，光泽暗淡；铁线数量较多，有白脑、白筋、糠心、裂隙等明显瑕疵。

此外，加工工艺的好坏也是评价绿松石价值的一个重要因素。

精品收藏级绿松石

瓷松级绿松石，拥有柔和的天蓝色，配以大师级雕工，极具收藏价值。

各种绿松石雕件，工艺精美，栩栩如生。

对于用作首饰（戒面、串珠）的优质绿松石，在评价其加工工艺时，主要考虑以下因素。

1. 成品的轮廓

2. 成品的对称性

各种绿松石雕件，工艺精湛，雕刻形象生动。

3. 成品的长、宽比例

4. 成品的厚度

5. 串珠的圆度

6. 珠孔加工的精细程度等

对于绿松石的雕刻件（挂件、摆件等），在评价其加工工艺时，主要考虑以下因素。

1. 玉石的使用

玉件要有创意，整体的设计要根据玉石性质、形体、颜色，量料取材，做到剜脏去绺因材施艺，玉件明显部位无脏绺。

2. 造型设计

玉件造型要优美、自然、生动、真实、比例适当。整体构图布局合理，章法要有疏有密、层次分明、主题突出。

高瓷绿松石念珠

3. 雕工工艺

做工要细致，大面平顺，小地利落，叠挖、勾轧、顶撞要合乎一定深度要求。

4. 抛光工艺

玉件表面要光亮滋润平展，大小地方均匀一致，造型不走样，表面无脏物。

高瓷绿松石罗汉念珠

名家作品欣赏

作品:《竹报平安》，选用天然绿松石雕刻，并以古典故事《酉阳杂俎续集·支植下》中的“北部惟童子寺有竹一窠，才长数尺，相传其寺纲维每日报竹平安。”于 2013 年获得中国“玉（石）器百花奖”金奖。

级别：高蓝瓷松级

尺寸：长 15 厘米，宽 3.5 厘米， 高 11 厘米

重量：216 克

作者：彭建伟，中国玉石雕艺术大师

作品：《老子出关》，选用天然绿松石，并以古典故事《日出东方，紫气东来》为题材雕刻；于 2013 年获得中国“玉（石）器百花奖”银奖。

尺寸：长 18 厘米，高 22 厘米，宽 7 厘米

重量：2.6 千克

作者：彭建伟，中国玉石雕艺术大师

作品:《日月同辉》，该作品选取肉质通透、内无杂质的精选绿松石作为原材料，纯正的蓝绿颜色结合天然形状进行巧雕创作。作品精巧地将儒、道、佛三家经典形象相融相合，搭配松岩、小鹿、旭日、弯月与祥云等自然景观无瑕点缀、自然过渡，将自然文化与我国古典文化精髓完美融合；于2016年获得中国“玉（石）器百花奖”金奖。

作者：彭建伟，中国玉石雕艺术大师

作品:《佛光普照》,选用天然绿松石,并以西游记第五十八回《二心搅乱大乾坤,一体难休真寂灭》为题材雕刻; 于2012年获得中国"玉(石)器百花奖"银奖; 此作品被竹山县博物馆收藏。

尺寸: 长32厘米, 高27厘米, 宽15厘米

重量: 8.6千克

作者: 彭建伟, 中国玉石雕艺术大师

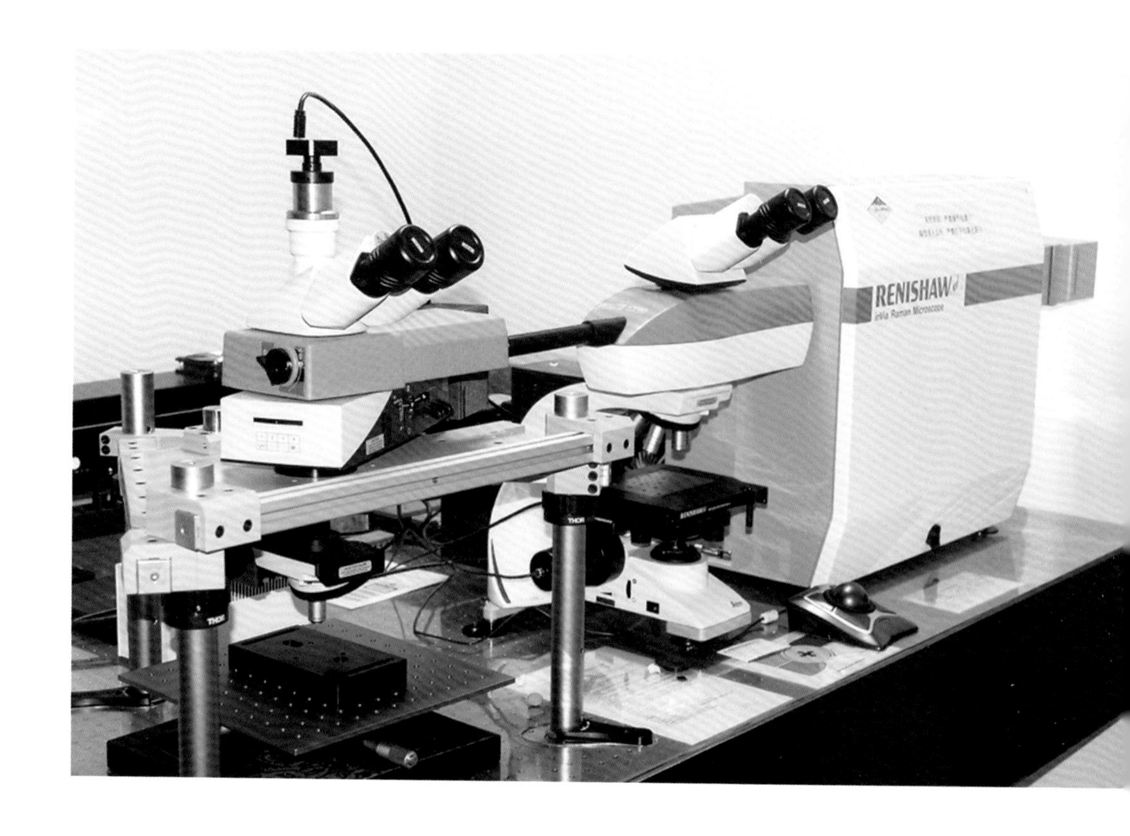

附 录

在日常的检测工作中，绿松石的检测涵盖了人工处理、再造绿松石、绿松石仿制品等诸多问题，检测难度相对来说是比较大的。

随着处理（造假）技术的改进、提高，很多处理绿松石、再造绿松石甚至绿松石仿制品和天然绿松石从外观上已经很难区分。一些与绿松石相似的矿物（尤其是伴生矿）也给检测带来了很多困扰。

现阶段，绿松石的检测必须借助高科技设备，并结合显微镜下观察，才能最终得出结论。

仪器介绍

绿松石检测过程中常见的仪器设备如下。

1. 宝石显微镜

显微镜是宝石鉴定工作中最重要的仪器之一，它可以帮助寻找鉴别天然与合成宝石、优化处理宝石的关键证据。

对于绿松石检测而言，显微镜下观察必不可少。以下特征需要在显微镜下观察，然后再有针对性地进一步检测。

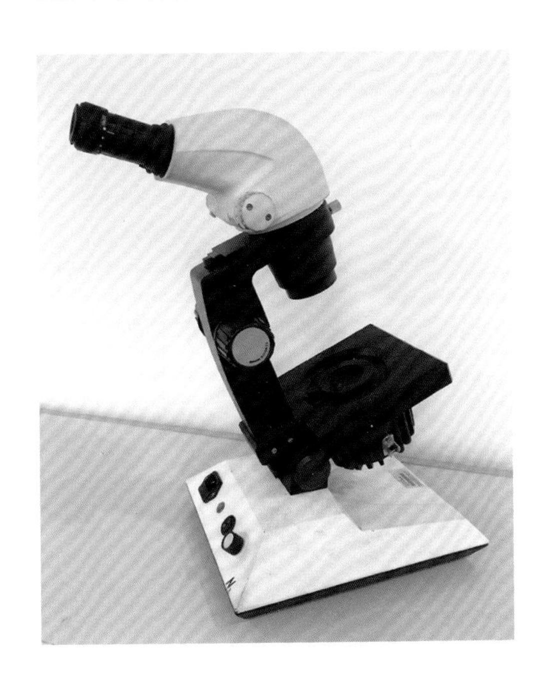

宝石显微镜

(1) 绿松石、仿绿松石、再造绿松石的结构特征。

(2) 绿松石局部充填、造假铁线。

(3) 充填绿松石胶的残余物。

(4) 染色绿松石、仿绿松石、再造绿松石的颜色富集现象，等等。

2. 折射仪

折射仪

折射仪是用于测量珠宝玉石的折射率、双折射率、光性特征等性质的仪器。通过测试样品的折射率，可以给判断充填绿松石、绿松石仿制品(包括相似玉石)等提供辅助性的依据。

由于绿松石及部分相似玉石的孔隙度大，吸附能力强，是否使用折射仪还要慎重。

3. 电子天平

电子天平

电子天平主要用于测量待测样品的密度，为判断样品种类提供检测依据。由于绿松石及部分相似玉石的孔隙度大，吸附能力强，会因样品吸水造成测量偏差，因此密度测试需要谨慎使用。

4. 紫外荧光灯

紫外荧光灯

紫外荧光灯是一种重要的辅助性鉴定仪器，用于观察珠宝玉石的发光特征。

天然绿松石在长波紫外光下无荧光或荧光很弱，在短波紫外光下则无荧光。部分充填处理的绿松石，在长波紫外光下会呈现较强荧光，一旦发现荧光异常，就要小心。

紫外荧光特征对于判断碎块压制再造绿松石有显著的效果。样品在紫外荧光灯下，不同区域间由于发光性质不同，会呈现明显的分区现象，为判定再造绿松石提供了有力的证据。

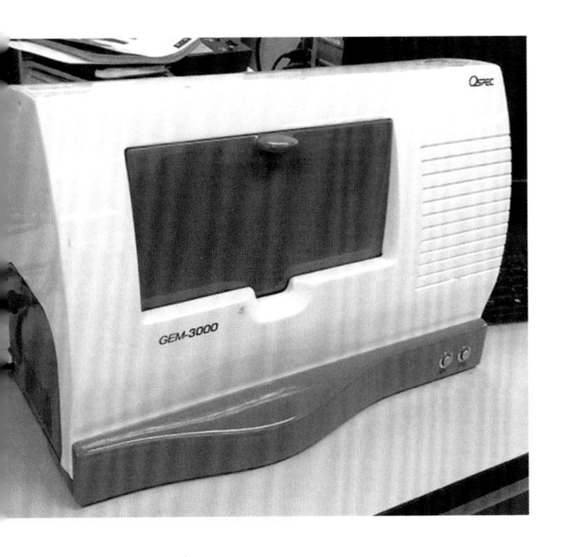

GEM-3000 宝石检测仪

5. 宝石检测仪

其实是一种便捷式的紫外—可见光分析仪器，通过对样品的紫外—可见光吸收光谱的分析，可以：检测人工优化处理宝石；区分某些天然与合成宝石；探讨宝石呈色机理。

对于绿松石检测而言，紫外—可见光分析可以有效判断样品是否经过人工染色处理。

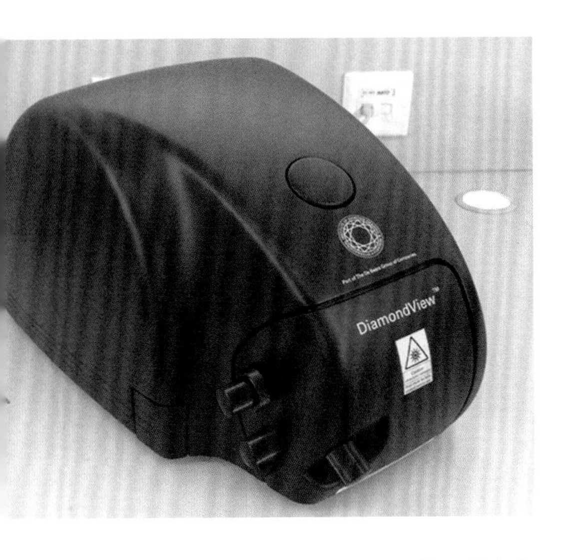

DiamondView 钻石观察仪

6. DiamondView 钻石观察仪

DiamondView 最初的设计目的是用来观察钻石的生长特征和发光现象，从而判断钻石是天然钻石还是合成钻石。

目前，DiamondView 常被用作彩色宝石（玉石）检测的辅助工具。对于绿松石检测而言，充填处理绿松石、再造绿松石中裂隙里的充填物在 DiamondView 下的荧光强于周围基质；碎块压制再造绿松石在

DiamondView 下也存在荧光分区现象。以上现象，可以为最终确定鉴定结果提供检测依据。

7. X 射线荧光光谱仪

该设备主要用于测量样品的微量元素，从而可以：鉴定宝（玉）石品种；区分某些合成和天然宝石；鉴别某些人工处理宝玉石。

X 射线荧光光谱仪

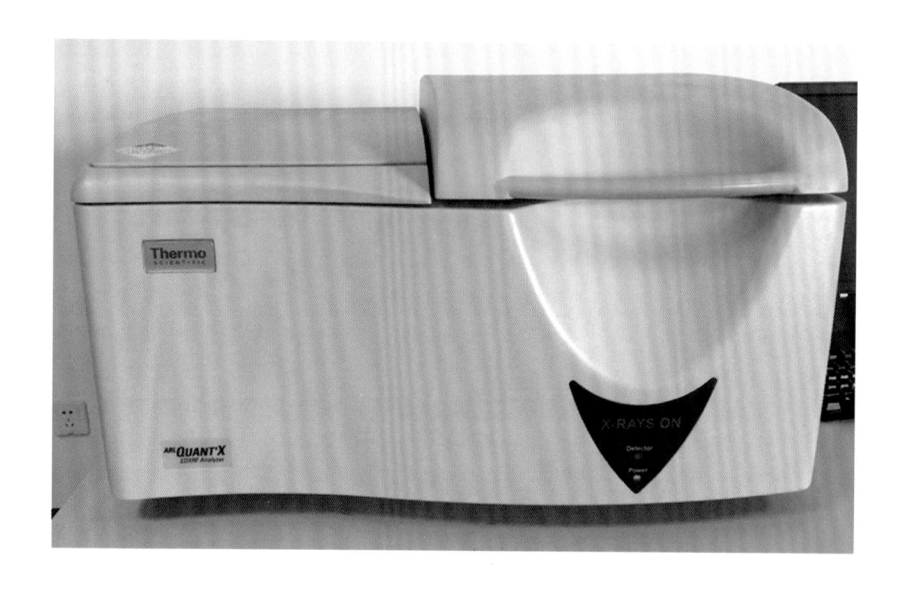

X 射线荧光光谱仪对于绿松石的检测有以下作用。

（1）通过微量元素的检测，与部分相似玉石、仿制品有效区别。

（2）通过对硅（Si）含量的测定，判断样品是否经过有机硅充填。

（3）通过对钾（K）含量的测定，判断样品是否经过扎克里（Zachery）法处理。

8. 红外光谱仪

红外光谱仪是现代珠宝玉石检测中最常用的大型仪器，是每一个珠宝检测实验室的基本配置。红外光谱仪可以给我们带来帮助如下。

（1）判断待测样品的种类。

（2）判断待测样品是天然还是合成。

（3）判断待测样品是否经过人工处理。

对于绿松石检测而言，红外光谱仪可以给我们提供以下帮助。

（1）有效区分绿松石及其相似玉石、仿制品。

（2）判断绿松石是否经过充填处理（包括局部充填、铁线造假）。

（3）为再造绿松石的判定提供部分检测依据。

9. 激光拉曼光谱仪

激光拉曼光谱仪主要针对微区进行无损分析，与红外吸收光谱是一种互补技术。

在绿松石检测方面，激光拉曼光谱仪给我们带来的帮助与红外光谱仪类似，在此恕不赘述。

傅里叶变换红外光谱仪

激光拉曼光谱仪

参考文献

[1] 张蓓莉．系统宝石学（第二版）[M]．北京：地质出版社，2006．

[2] 张蓓莉，陈华，孙凤民．珠宝首饰评估 [M]．北京：地质出版社，2000．

[3] 蒋显福．东方圣玉绿松石 [M]．武汉：湖北美术出版社，2006．

[4] 邓谦 .NGTC 实验室见闻——揭开绿松石处理的“神秘面纱”[J]．中国黄金珠宝，2015，12(233)．

[5] 谷文婷，李盈，邓谦．“土库曼斯坦绿松石”的鉴定特征 [J]．中国宝石，2016．

[6] 何松．中国古老名玉——绿松石 [J]．珠宝科技，2004，6．

[7] 岳尚华．中国四大名玉之一——绿松石 [J]．地球，2014，4．

[8] 郝用威，郝飞舟．中国新石器时代绿松石文化 [J]．岩石矿物学杂志，2002，21．

[9] 石振荣，蔡克勤．绿松石玉古文化初探 [J]．宝石和宝石学杂志，2007，9(1)．

[10] 罗跃平，邓旺晖，段体玉，王春生．常见绿松石品种特征及充填处理的鉴定 [J]．岩石矿物学杂志，2011，30．

[11] 钟华邦．中国的松石资源 [J]．江苏地质，2006，2．

[12] 涂怀奎．秦岭东段绿松石成矿特征 [J]．建材地质，1997，3．

[13] 魏道贵，管荣华．马鞍山地区绿松石矿的分布、成因及标志 [J]．矿业快报，2003，10．

[14] 周世全，江富建．河南淅川的绿松石研究 [J]．南阳师范学院学报，2005，4(3)．

[15] 刘杨杨．打破绿松石的产地迷信 [J]．艺术市场，2013，27．

[16] 栾丽君，韩照信，王朝友，张玉伟．绿松石呈色机理初探 [J]．西北地质，2004，37(3)．

[17] 郭倩，徐志．我国绿松石致色机理研究进展 [J]．岩石矿物学杂志，2014，33(Z)．

[18] 郭颖，张钧，金莉莉．水吸附对湖北竹山绿松石蓝绿色彩度及色调的影响 [J]．矿物学报，2010(Z)．

[19] 戴慧，周彦，张青，王枫，蒋小平，亓利剑．安徽马鞍山磷灰石假象绿松石的矿物谱学特征 珠宝与科技 [A]．中国珠宝首饰学术交流会论文集 [C]．2015．

[20] 申广耀，卢保奇，亓利剑．具磷灰石假象绿松石的岩石矿物学及谱学特征 [J]．上海国土资源，2013，34(4)．

[21] 杨梅珍，朱德玉，毛恒年．绿松石的优化处理及鉴别 [J]．珠宝科技，2000，1．

[22] 戴慧，亓利剑，蒋小平，张青，周彦．含环氧树脂的胶黏剂充填处理及染色处理绿松石的谱学特征 [A].2013 中国珠宝首饰学术交流会论文集 [C].2013.

[23] 张琰，陈全莉．绿松石废弃料的聚合再生利用 [J]. 宝石和宝石学杂志，2005，7(1).

[24] 范桂珍，于方．一种仿绿松石的鉴定研究 [A]. 珠宝与科技——中国珠宝首饰学术交流会论文集 [C].2015.

[25] 张欣，杨明星，狄敬如，汪萍．与绿松石相似的三种天然矿物的鉴别与谱学特征 [J]. 宝石和宝石学杂志，2014，16(3).

[26] 严俊，刘晓波，王巨安，方飚，刘培钧，杨彬彬．应用 FTIR- XRD-XRF 分析测试技术研究新型仿制绿松石的矿物学特征 [J]. 岩矿测试，2015，34(5).

[27] 杨梅珍，朱德玉，毛恒年．绿松石的优化处理及鉴别 [J]. 珠宝科技，2000，1.

[28] 申柯娅，王昶．绿松石鉴赏与评价 [J]. 珠宝科技，1998，3.

[29] 郭士农．竹山县绿松石资源开发利用研究 [J]. 科技创业月刊，2004，11.

[30] 刘杨杨．打破绿松石的产地迷信 [J]. 艺术市场，2013，27.

[31] 孙丽华，凌爱军，于方，何志红，马文文 .Zachery 处理绿松石的探讨 [J]. 岩石矿物学杂质，2014，33(Z).

[32]Emmanuel Fritsch,Shane F.McClure,Mikhail Ostrooumov,Yves Andres,Thomas Moses,John I.Koivula,Robert C.Kammerling.THE IDENTIFICATION OF ZACHERY-TREATED TURQUOISE[J].GEMS & GEMOLOGY,SPRING 1999.

[33]Gagan Choudhary.A NEW TYPE OF COMPOSITE TURQUOISE[J].GEMS & GEMOLOGY,SUMMER 2010.

[34]Kyaw Soe Moe,Thomas M.Moses,Paul Johnson.POLYMER-IMPREGNATED TURQUOISE[J].GEMS & GEMOLOGY,SUMMER 2007.

[35]Eric Fritz,Kimberly Rockwell Variscite.Resembling Turquoise[J].GEMS & GEMOLOGY, SPRING 2006.

[36]Shane McClure,Philip Owens.Treated Green Turquoise[J].GEMS & GEMOLOGY,SPRING 2010.

弘扬绿松石文化

绿松石做珠宝首饰的历史悠久，如美洲的印地安人、古代埃及人、古代波斯人就已使用绿松石作为装饰品佩戴。在中国，绿松石的使用可追溯到七千年以上，在多个文化遗址中均发现了绿松石装饰品。在我国各民族中，绿松石用得最多的，要数藏族人民。我国藏族的文化艺术源远流长，具有浓郁的民族和地域特色，发生、发展至今已有五千多年，其形成与发展大致可以划分为7世纪前的史前文明、吐蕃时期的文化定型、元明时期的高度发展和清代的繁荣鼎盛四个历史阶段。7世纪吐蕃王朝时期为西藏文化艺术的重要历史时期。此时期内杰出的文化艺术成就是藏文的创制和佛教文化艺术体系分别从印度和唐朝的传入。

在藏族传统文化中，绿松石是佛教七宝之一，同时，人们佩戴绿松石是身份地位的象征。绿松石是藏族女孩的幸运石，佩戴绿松石是对爱人的长寿祝福，如果没有佩戴绿松石，就像缺少一个伴侣。大多数藏族妇女还将绿松石串珠与其他贵重饰品，如珊瑚、琥珀、珍珠等一起制成项链。藏族男子的饰物则比较简单，通常用几颗绿松石珠子与珊瑚穿在一起戴在脖子上，或在耳垂上用线系上一颗绿松石珠。

绿松石是一种优质玉材，是不可再生资源。真正的天然原矿绿松石非常稀缺，随着绿松石矿的不断开采，可开发的精品绿松石数量会越来越少。目前市场上非天然原矿绿松石，从最初的优化过蜡到后来的注胶、染色、人工铁线，再到现在的再造绿松石及仿制品，可以说绿松石造假无处不在。如何辨假绿松石成为买家头疼的问题。

十堰江龙绿松石珠宝有限公司，拥有高素质、经验丰富的专业营销人才，坚持以市场为导向，以自主研发生产，售前、售中、售后服务于一身的营销服务模式，经历近40年市场竞争的洗礼，已迅速发展成十堰市较具规模的绿松石销售和服务企业，荣获十堰绿松石商会“副会长单位”、商会理事单位、爱心慈善单位等称号。

公司秉承“诚信务实、同心进取”的经营理念，积极推广原矿绿松石产品，追求全方位满足客户需求，去伪存真，让消费者买得放心，戴得舒心。创建的“江龙”品牌，综合实力稳居行业前列，深受消费者信赖。

目前，中国是世界上绿松石存储量最大的国家，在开发和使用绿松石方面有着深厚的历史渊源，弘扬绿松石文化更是我们义无反顾的责任。